装配式混凝土建筑施工技能培训丛书

丛书主编 王 俊

装配式混凝土建筑密封防水

朱卫如　主　编

张伦生　副主编

U0250532

中国建筑工业出版社

图书在版编目（CIP）数据

装配式混凝土建筑密封防水/朱卫如主编；张伦生
副主编. —北京：中国建筑工业出版社，2022.8
（装配式混凝土建筑施工技能培训丛书/王俊主编）
ISBN 978-7-112-27448-2

Ⅰ.①装… Ⅱ.①朱… ②张… Ⅲ.①装配式混凝土
结构-装配式构件-密封-防水-技术培训-教材 Ⅳ.
①TU37

中国版本图书馆 CIP 数据核字（2022）第 095288 号

　　本书以现行标准规范为依据，详细介绍了装配式混凝土建筑密封防水在设计、选材、施工、验收等环节的要点。全书共 8 章，包括：装配式混凝土建筑密封防水概述，装配式混凝土建筑密封防水设计，装配式混凝土建筑密封防水材料，装配式混凝土建筑密封防水施工作业，装配式混凝土建筑密封防水施工管理，装配式混凝土建筑密封防水验收，装配式混凝土建筑密封防水常见问题防治措施，装配式建筑密封防水从业人员要求。全书图文并茂，通俗易懂，内容丰富，是一本关于装配式混凝土建筑密封防水较为全面、系统规范的指导书。

　　本书适合装配式建筑施工从业人员培训学习使用，也可作为建筑施工相关专业教学参考用书。

责任编辑：王砾瑶
责任校对：姜小莲

装配式混凝土建筑施工技能培训丛书
丛书主编　王　俊
装配式混凝土建筑密封防水
朱卫如　主　编
张伦生　副主编

*

中国建筑工业出版社出版、发行（北京海淀三里河路 9 号）
各地新华书店、建筑书店经销
霸州市顺浩图文科技发展有限公司制版
北京建筑工业印刷厂印刷

*

开本：787 毫米×1092 毫米　1/16　印张：6　字数：146 千字
2022 年 9 月第一版　　2022 年 9 月第一次印刷
定价：**28.00** 元
ISBN 978-7-112-27448-2
（39595）

作者简介

（排名不分先后）

朱卫如　男　现任北京东方雨虹密封科技有限责任公司　总经理

主编。十六年中建总承包及十二年东方雨虹密封防水经验，2010 年开始研究装配式接缝密封防水，引进开发装配式及装饰装修用改性硅酮（MS）胶及应用系统。2019 年担任首届中国长三角装配式建筑职业技能邀请赛防水打胶项目裁判长。2020 年担任河北唐山首届全国打胶比赛专家顾问。

张伦生　男　现任桑莱斯（上海）新材料有限公司　技术总监

副主编。2014 年开始研究装配式接缝防水技术，设计开发了单组分、双组分装配式建筑专用硅烷改性密封胶和专用底涂液，积极推广装配式接缝防水技术和质量控制办法、人才培养。2019 年担任首届中国长三角装配式建筑职业技能邀请赛防水打胶项目裁判。2019 年荣获上海市装配式建筑先进个人称号。

丁安磊　男　现任上海兴邦建筑技术有限公司　总师室主任工程师

2014 年至今一直从事装配式建筑相关的设计、生产、施工等工作。2017 年参与上海市装配式建筑高技能人才基地建设，2019 年担任首届中国长三角装配式建筑职业技能邀请赛防水打胶项目裁判。

陆薇萍　女　现任钟化贸易（上海）有限公司　装配式事业部市场策划主任

2016 年起致力于在装配式建筑外围护结构密封防水的市场推广工作，向业内人士分享日本装配式外墙密封防水的宝贵经验。针对国内现有外围护结构密封防水的工法和现状提供相应完善的解决方案。

3

丛 书 前 言

近些年，在各级层面的政策措施积极推动下，装配式建筑呈现快速发展趋势。2020年全国装配式建筑新开工面积 6.3 亿 m^2，其中装配式混凝土建筑达 4.3 亿 m^2，占比约 68％。装配式混凝土建筑与传统现浇建筑相比，设计方法、建造方式、产业结构、技术标准等都有很大变化，并由此衍生一系列新兴岗位。构件安装、灌浆连接、防水打胶是装配式混凝土建筑特有的施工工种，对于一线作业人员的要求不仅是体力劳作，还需掌握一定的理论知识，手上更要有过硬的技术本领，这是保障装配式建筑质量与安全的必要条件。

建筑工人队伍从过去的农民工向高素质、高技能、专业性更强的产业工人转变，建设知识型、技能型、创新型劳动者大军，加快建筑产业工人队伍建设，加速施工一线人员技能水平提升的工作迫在眉睫。

在这样的背景下，近些年我花费较多精力投入到装配式建筑施工一线人员的技能培训工作中，积极推动组织行业培训和劳动技能竞赛。在业内同仁们的共同关心下，依托上海市建设协会的行业资源，以及上海兴邦和中交浚浦的大力支持，2017 年起参与上海装配式建筑高技能人才培养基地建设，开发了钢筋套筒灌浆连接、预制混凝土构件安装、装配式建筑接缝防水的三项专项职业能力培训课程，并邀请行业内有着丰富工作经验的专业人士担任理论讲师和实操教师。

这次组织十多位作者共同编写的是一套系列丛书，共包含三本：《装配式混凝土建筑预制构件安装》《装配式混凝土建筑钢筋套筒灌浆连接》《装配式混凝土建筑密封防水》。丛书的内容以反映施工实操为主，面向读者群体多为施工一线工作者，通过平白直叙的表述，再配以大量实景图片，让读者在阅读时容易理解其中含义。在邀约各册主编、副主编和编者时，要求既有丰富的理论知识，又有充足的从业经验。而这样的专业人士实属难得，他们均在企业中担任重要岗位，平时大都工作繁忙，但听闻要为行业贡献自己的所学所知和专业经验时，纷纷响应加盟，这让我很是感动！在推动装配式建筑发展的行业中，有这样一群热心奉献的志同道合者，何事不可成？丛书编写历经一年半，编者们利用业余时间，放下各种事务而专注写作，力求呈献至臻完美的作品。我和他们一起讨论策划、思想碰撞，一起熬夜改稿校审，在我的职业生涯中能有幸与他们相处共事，是我终生铭记和值得骄傲的经历。

构件安装分册的主编罗玲丽女士，有着二十多年建筑施工从业经历，经验非常丰富。在 2018 年和 2019 年上海装配式施工技能竞赛中，她分别担任套筒灌浆连接和构件安装项目的裁判，是建筑施工行业中为数不多的巾帼专家。

灌浆连接分册的主编李检保先生，是上海同济大学结构防灾减灾工程系结构工程专业副研究员，是上海最早从事装配式建筑技术研究者之一，参编了行业多部相关标准。他很早就关注和研究钢筋套筒灌浆连接的技术原理、材料性能等，还做了大量试验，积累了很多数据和宝贵经验。

密封防水分册的主编朱卫如先生，长期从事建筑防水工作，曾任北京东方雨虹防水技术股份有限公司的副总工程师，有着丰富的密封防水设计、材料及施工方面的经验。他经常出入防水工程施工一线，探究出现问题的原因和解决措施，积累了大量的一线素材。

三位主编们与其他诸位作者一起，将自己积累的经验融汇到本书中，自我苛求一遍一遍地不断修改和完善书稿，为行业提供了一份不可多得的宝贵参考资料。

本套丛书的出版也响应了国家提出大力培养建筑人才的目标，为装配式建筑施工行业加快培养和输送中高级技术工人，弘扬工匠精神，营造重视技能和尊重技能人才的良好氛围，逐步形成装配式施工技能人才培养的长效机制，推动建筑业转型升级和装配式建筑可持续地健康发展。

丛书主编　王　俊

2021 年 7 月

前　言

以住房和城乡建设部 2016 年发布的《建筑产业现代化发展纲要》为标志，我国装配式建筑进入快速发展阶段，纲要对装配式建筑的发展提出了明确目标，提倡大力发展装配式建筑，推动产业结构升级。

建筑产业化是以建筑业转型升级为目标，以技术创新为先导，以现代化管理为支撑，以信息化为手段，以新型建筑工业化为核心，对建筑全产业链进行更新、改造和升级，实现传统生产方式向现代工业化生产方式转变，从而全面提升建筑工程质量、效率和效益，符合高质量发展的政策要求。我们也一直认为：只有建筑全产业链的融合发展才是最终的解决之道，完成 2030 年碳达峰、2060 年碳中和的时代目标。

装配式建筑区别于传统现浇结构建筑，主要在于外围护构件的安装接缝，建筑外围护系统阻挡自然界的风、霜、雪、雨及紫外线侵蚀，承受建筑物不均匀沉降、温度伸缩变形、地震台风等外力造成的位移。因此，除保证围护墙体的安全性外，尚需防水、防潮、保温、隔热、隔声、吸声、防火、美观等功能，尤其是接缝的密封防水功能。

本书从装配式建筑概述，装配式建筑密封防水的设计、材料、施工、管理、验收，防水常见问题防治措施、从业人员要求等方面展开阐述，期望能给广大从事装配式建筑行业的从业人员予以支持和帮助。

上海市是全国装配式建筑发展最早的地区之一，针对装配式建筑防水出现的设计、材料、施工、管理等问题，上海市住房和城乡建设管理委员会在 2020 年 1 月发布了《上海市装配整体式混凝土建筑防水技术质量管理导则》，从建筑产业链的角度规范了设计、施工、验收、管理及职责等要求，在装配式建筑行业内首次推出并严格实行施工项目负责人和总监理工程师双签的打胶令制度。在上海市住房和城乡建设管理委员会、上海市建设协会、上海市化学建材行业协会等有关部门和领导的关心和支持下得以成书、出版，特表示衷心的感谢！

本书为装配式混凝土建筑施工技能培训丛书的其中一册，在丛书主编王俊先生的指导下，在吸收国内外相关领域行业前辈的科研成果及日本专家意见的基础上，结合实际的工程实践、渗漏水治理、经验心得、行业思考编写而成。由本人编写第 1 章、第 2 章、第 3 章的防水材料小节、第 7 章、第 8 章，张伦生编写第 3 章，陆薇萍编写第 4 章、第 5 章，丁安磊编写第 6 章。非常感谢各位作者们的辛苦付出，对在编写过程中提供支持和帮助的日本专家，如：竹田潔史、久住明、本乡雅也等，以及北京东方雨虹总工办的肖尧，一并表示诚挚谢意！

对于装配式建筑外围护体系的密封防水系统，尽管已经在材料、技术、施工及管理的层面得到解决，但我们依然认识到装配式建筑渗漏的系统防治仍是一个长期而艰巨的任务，涉及面广、经济链重、层次较深的难题，我们相信本书将给装配式建筑行业的密封防水提供系统解决方案，必将进一步提升防水工程的质量，体现其自身的价值。我们期望与广大同行进行深入的交流和沟通，也敬请广大读者提出宝贵意见！

诚挚鸣谢下列单位为本书提供的支持与帮助（排名不分先后）：

上海市建设协会住宅产业化与建筑工业化促进中心

上海市化学建材行业协会建筑胶粘剂分会

北京东方雨虹密封科技有限责任公司

上海东方雨虹防水技术有限责任公司

桑莱斯（上海）新材料有限公司

上海兴邦建筑技术有限公司

钟化贸易（上海）有限公司

中交浚浦建筑科技（上海）有限公司

预制建筑网

本书主编　朱卫如

2021 年 7 月

目　　录

第1章

装配式混凝土建筑密封防水概述

1.1 装配式建筑概述

1.1.1 装配式建筑定义

装配式建筑是指由结构系统、外围护系统、设备与管线系统、内装系统的主要部分采用预制部品部件集成的建筑。根据主要受力结构材料分为：装配式混凝土建筑、装配式钢结构建筑、装配式木结构建筑及装配式组合结构建筑等。

装配式混凝土建筑构件种类：内外结构墙、外围护墙、内分隔墙、楼板、阳台、楼梯、空调板、预制梁、预制柱等。

装配式建筑应遵循建筑全寿命期的可持续性原则，并应坚持标准化设计、工厂化生产、装配化施工、一体化装修、信息化管理和智能化应用的六项基本原则，用系统集成方法统筹设计、生产、运输、施工和运营维护，实现全过程的一体化。

1.1.2 国外装配式建筑发展历史

随着近代工业的飞速发展、农村劳动力解放，开启了全球城镇化的步伐，加之第二次世界大战造成的巨大建筑破坏以及地震、海啸、台风等自然灾害的影响，形成对工业厂房、城镇住宅的巨大需求，得益于世界经济的复苏和恢复，以及材料和施工技术的快速发展，装配式建筑在提升质量、提高效率、改善劳动强度、缩短工期、节能减排等方面有着明显优势，得到很大的发展机遇。

1851年建成的首届万国工业博览会主要场馆——伦敦"水晶宫"（图1-1），是世界公认的第一座由铁骨架镶嵌30万块玻璃装配建造而成的建筑，由英国建筑师帕克斯顿（Joseph Paxton）爵士设计，最初建于海德公园，1854年移至伦敦南部异地重建。

1910年德国现代主义建筑师瓦尔特·格罗皮乌斯（Walter Gropius）提出钢筋混凝土建筑应当预制化、工厂化的想法。1921年法国建筑大师勒·柯布西耶（Le Corbusier）首先提出"像造汽车一样造房子"的装配式建筑概念。1952年设计并建造完成以模数化、标准化为基础的马赛公寓（图1-2）。

1966年4月26日乌兹别克斯坦共和国首都塔什干发生了7.5级大地震，顷刻之间，将塔什干几乎抹平，震后30多万人无家可归。苏联采用工业化方式对城市快速重建，两年时间内修建了2300万平方英尺住宅和15所学校，其中60%住宅和70%学校采用装配式建筑，成为灾后城市快速重建的典型（图 1-3）。

图 1-1 伦敦"水晶宫"

图 1-2 马赛公寓

日本装配式建筑的研究始于 1955 年日本住宅公团成立，20 世纪 60 年代中期获得长足发展，已形成较为成熟的装配式住宅结构体系（图 1-4），以钢结构（S 结构）、混凝土结构（RC 结构）、型钢与混凝土混合结构（SRC 结构）的框架结构为主，外挂墙板或幕墙形式的外围护体系，室内安装整体厨房及整体卫生间，采用结构与管线分离的 SI 体系为主。

图 1-3 塔什干城市重建

图 1-4 日本装配式住宅

1.1.3 中国装配式建筑发展现状

中国装配式建筑的发展始于 20 世纪 50 年代，借鉴苏联的经验模式，1956 年 5 月 8 日国务院出台《关于加强和发展建筑工业的决定》政策文件，提出要积极地、有步骤地实现标准化、机械化和工业化发展预制构件和装配式建筑，必须完成对建筑工业的技术改造，逐步地完成向建筑工业化的过渡。

我国的装配式建筑发展可以划分为三个阶段：

第一阶段：20 世纪 50 年代至 80 年代末期，全国装配式建筑快速发展，预制构件生产厂星罗棋布。生产的预制构件以适用于单多层工业厂房的门式排架柱、预制大跨度屋架、牛腿、吊车梁、屋面板等构件为主；住宅则以适用于砖混结构、砌体结构的预制空心楼板、牛腿梁、楼梯踏步、大梁、门窗过梁以及预制门窗框为主。1976 年唐山大地震后，采用预制板的砖混结构房屋、预制装配式单层工业厂房等在唐山大地震中破坏严重，引发了人们对装配式体系抗震性能的担忧，装配式建筑开始大量减少。

第二阶段：20 世纪 90 年代初至 2009 年，随着国内房地产业的快速发展，现浇混凝土结构成为多层及高层民用建筑的首选，并且随着我国钢产量的提升，工业厂房开始了以钢结构为主的应用和推广。与此同时，我国人口红利逐步消失，建筑业进城务工人员数量减少，使得我国劳动力成本大幅提升，实现建筑工业化降低生产成本逐步得到建筑企业重视。以万科、瑞安为代表的房地产开发企业开始探索新型建筑工业化建造模式，充分了解和学习其他装配式建筑技术发展较为成熟的国家和地区的经验，并结合我国特色，逐步开始以全新的、系统化的装配式知识在工程项目上展开试点。上海浦东的新里程项目、上海杨浦创智天地项目都是这个时期的代表项目。

第三阶段：2010 年至今，装配式建筑成为政策主导发展的主要内容。2010 年起，各地关于装配式建筑的信息时有耳闻，尤其在华东地区发展最为积极，上海陆陆续续建成多个高层装配式住宅小区。2016 年住房和城乡建设部发布《建筑产业现代化发展纲要》，2016 年国务院办公厅发布《关于大力发展装配式建筑的指导意见》，2017 年国务院办公厅又发布《关于促进建筑业持续健康发展的意见》，2017 年住房和城乡建设部发布关于印发《"十三五"装配式建筑行动方案》的通知，2020 年住房和城乡建设部又发布《加快新型建筑工业化发展的若干意见》。密集发布的引导扶持政策，大大加快了新型建筑工业化的发展步伐，我国新建装配式建筑面积逐年增长。据统计，2019 年全国新开工装配式建筑面积 4.18 亿 m^2，2020 年全国新开工装配式建筑面积 6.3 亿 m^2，增长非常迅速，各地对发展装配式建筑的热情普遍高涨。

1.2 装配式混凝土建筑的结构特点

装配式混凝土建筑结构体系可分为：剪力墙结构、框架结构、框架剪力墙结构、框架核心筒结构和板式结构。

1.2.1 装配整体式剪力墙结构

剪力墙结构作为住宅，具有采光良好、南北通透、梁柱不外露、私密性好、混凝土结构给人以安全感等优点，深受国人喜爱，易被市场接受。

装配整体式剪力墙结构可分为：预制剪力墙、双面叠合式剪力墙、单面叠合式剪力墙结构（图 1-5）。

图 1-5 装配式剪力墙预制构件

剪力墙结构允许层间位移角较小,即刚度大、变形小。预制剪力墙的竖向接缝多以构件与构件间的安装缝及预制与现浇之间的施工缝为主,容易因设计不周、施工质量等因素导致内外贯通缝,建议设置诱导缝;水平接缝不得采用灌浆料或封堵砂浆填缝,高度宜为20mm,接缝外侧应采用密封胶等防水措施。

1.2.2 装配整体式框架结构

装配整体式框架结构、装配整体式框架-现浇剪力墙结构的室内使用空间通透,格局布置灵活,适用于办公、商业、公寓楼、学校等公共建筑。其中,预制部分主要是梁、柱、楼板、楼梯及外挂或内嵌式围护墙板。

外围护墙根据安装方式分为外挂式和内嵌式,均属于非主体结构构件(图1-6、图1-7);根据材料又可分为预制混凝土幕墙、玻璃幕墙、石材幕墙、金属幕墙等。由于墙体材料多样,结构位移变形情况不同,因此防水性能一直是设计与施工的考虑重点。

图1-6 钢框架结构外挂墙板　　　　　图1-7 混凝土框架结构外挂墙板

1.2.3 装配式大板结构

由竖向预制墙板和水平预制楼板经装配而成的低层建筑,适用于新农村建设、美丽乡村、特色小镇、田园综合体等乡村振兴战略及旅游、医疗、养老等项目(图1-8、图1-9)。

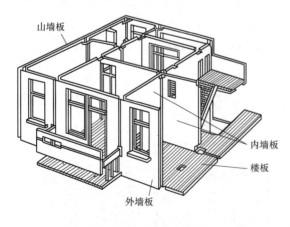

图1-8 装配式大板建筑　　　　　图1-9 装配式板式建筑

这类建筑预制装配率很高，从主体结构到内部装饰都可采用成品部件进行装配化施工安装，节点连接以少量湿作业或螺栓等干法连接为主，施工快速、质量可控。但由于成品构件连接部位的强度相对较弱，因此在外力作用下变形也较大，接缝处的防水要求更高。

1.3 建筑外围护墙体功能要求

建筑外围护墙可以阻挡自然界的风、霜、雪、雨及紫外线照射，需要承受由于建筑物不均匀沉降、温度伸缩变形、地震、台风等因素造成的位移和变形。因此，除了保证围护墙体的结构安全之外，还需满足防水、防潮、保温、隔热、隔声、吸声、防火、阻燃等功能。

1.3.1 防水和防潮

防水是通过材料防水和构造防水等方式阻止雨、雪水等进入建筑物，根据渗漏水量的大小，分为渗水、漏水。防潮是通过设置防潮层阻止空气中的湿气进入室内，防结露是防潮措施中重要的环节，通过设置保温隔热层降低室内外温差，防止空气中的湿气在建筑内墙表面凝结成露珠。防水和防潮都是通过材料和构造措施，防止在建筑外墙出现渗漏而引起室内墙皮脱落和物品受潮发霉等情况。

（1）防水材料的性能要求

外墙防水系统分为点、线、面、体的整体防水和门窗框周边及飘窗、阳台、雨篷、空调板等外挑结构、出墙面管道设施的细部防水。整体防水以偏刚性材料为主，以粘结强度、抗渗性能、耐候性能、横向变形能力、耐冻融循环为主要表征，通过结构自防水、材料防水和构造防水相结合的方式实现。其中，结构自防水通过提高混凝土及砌体结构自身或表面的密实性和对裂缝控制获得防水功能，材料防水通过增强墙体表面的致密性从而获得抗渗性能，构造防水通过企口、高低接槎、空腔、找坡、披水、大小鹰嘴等构造形式，避免积水、毛细现象和表面张力等引起的渗漏水。细部防水则以柔性防水为主，以粘结性能、不透水性或气密、水密等密封性能、力学性能、弹性延伸率/恢复率、耐候耐久性、基面及饰面相容性、不窜水性能、密封胶的模量、动态耐久性、表面涂刷性、无污染性为主要表征，通过增强或弥补构件接缝、施工缝、变形缝、基层裂缝、出墙面孔洞等细部防水获得防水功能。常见防水材料如图1-10～图1-13所示。

（2）防潮材料的性能要求

防潮分为表层防潮和内部防潮。表层防潮以涂膜类柔性防水材料居多，可提升墙体表面的抗渗性，以粘结性能、水蒸气透过率、耐候耐久性、基面及饰面相容性为主要表征；也可采用刚性砂浆类防水材料，以粘结强度、水蒸气透过率、耐冻融循环为主要表征。内部防潮以砂浆类偏刚性材料居多，通过内掺型剂料提升墙体自身密实性。常见防潮材料见图1-14、图1-15。

1.3.2 保温和隔热

保温隔热即阻断室内外热量交换，主要考虑防止冬季室内热量损失，以及夏季制冷时防止室内温度升高，在保证生活舒适度的前提下达到节能减排目的。保障建筑的气密性是

图 1-10　沥青卷材　　　图 1-11　聚氨酯　　　图 1-12　丙烯酸　　　图 1-13　刚性防水

图 1-14　双组分防水砂浆　　　　　　　　　图 1-15　单组分防水砂浆

保温隔热的前提，尤其门窗周边的缝隙是室内外空气对流的主要通道，需要进行密封处理。外围护墙体的保温隔热主要通过铺贴保温材料来实现，常见保温材料见图 1-16～图 1-18。

图 1-16　岩棉保温板　　　图 1-17　石墨改性保温板　　　图 1-18　挤塑聚苯保温板

1.3.3　隔声和吸声

声音通过空气、金属、玻璃、木材等弹性介质以振动方式传播，隔声是指通过材料或结构来阻挡声音传播，如减少室外传来的噪声等。吸声是指吸收声音的措施，即减少声音的反射，吸声材料要求轻质多孔，以吸声效能为主要表征。常见隔声和吸声材料见图 1-19～图 1-22。

图1-19 阻尼隔声板

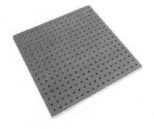

图1-20 隔声吸声板

图1-21 木丝吸声板

图1-22 海绵吸声板

1.3.4 防火和阻燃

建筑的防火安全一直是关注焦点,尤其是高层建筑如何防止蔓延性火灾是设计选材的重点。外墙材料需满足燃烧性能不低于 A 级的不燃要求,且除了墙体本身,更应关注门窗、接缝等处的防火性能。阻燃是指材料具有明显阻滞火焰蔓延的性能。

1.4 装配式混凝土建筑防水特点

装配式建筑与现浇建筑的防水区别在于多了很多预制构件之间的水平与竖向接缝,以及预制构件与现浇混凝土之间的接缝,其他防水重点还有外墙门窗与墙体之间的接缝、施工模板对拉螺杆孔等(图1-23、图1-24)。

图1-23 预制构件接缝打胶

图1-24 外墙螺栓孔封堵

预制混凝土构件自身防水性能应注意是否存在贯通裂缝,对于非钢筋混凝土材质的墙板,如无机保温复合墙板以及木骨架组合墙板等(图1-25、图1-26),除接缝的密封防水之外,尚应注意墙板自身的防水性能。

预制外墙之间的接缝防水构造做法并不是单一的,而是根据主体结构类型以及预制墙板连接形式来决定防水构造做法。预制外墙接缝应考虑具有位移变形的特点,耐候密封胶应选择适合结构变形和具有弹性恢复功能,同时应避免"零延伸断裂"的现象发生(图1-27)。

图 1-25　保温复合外墙

图 1-26　木骨架组合外墙

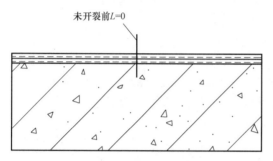

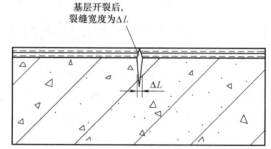

图 1-27　"零延伸断裂"原理示意图

　　"零延伸断裂"原理：$\varepsilon = \Delta L/L = \Delta L/0 = \infty$（$L \to 0$）。控制材料延伸率、厚度、剥离、位移变形、板缝宽度，这个要求同样也适用于外墙涂料防水。

第2章

装配式混凝土建筑密封防水设计

2.1 建筑外墙防水设计原则

装配式混凝土建筑的密封防水主要由屋面、外墙及室内三大部分组成，装配式建筑的屋面防水措施与传统屋面防水基本相同，大多采用现浇混凝土。若女儿墙为预制时，需注意屋面与预制女儿墙交接部位的防水节点。建筑室内厨房、卫生间等用水空间的密封防水与传统室内防水也基本相同，需注意预制外墙板水平接缝的变形对室内防水的影响。装配式建筑的外墙防水与现浇建筑外墙防水差别非常大，多了很多水平、竖向接缝，是建筑外墙防水的重点。

造成建筑外墙渗漏的因素很多，降雨量和气候环境是主要外因，降水强度、风压等有一定的影响。结构形式、墙体构造、材料选用以及施工质量是关键内因，外墙结构施工缝、变形缝以及找平层、保温层、饰面层等构造层贯通裂缝、装配式建筑安装接缝密封胶开裂是导致外墙渗漏的最根本原因，起到决定性影响。要对影响因素进行综合分析、评估和考量，结合防水设计标准、材料防水性能、防水施工工艺，以最终确定外墙防水方案。

2.1.1 "防、排"结合

建筑外墙防水不仅在于外墙表面，还在于很多细部位置，如门窗洞口、穿墙管道、穿墙埋件等处，要防止水在风压、表面张力、毛细现象等作用下通过孔洞及裂缝等往室内渗漏。在易积水的部位如窗楣、凸窗顶板、装饰线条、窗台等设置排水坡度、滴水槽等构造措施。在预制墙板的接缝设置高低企口和空腔构造（图 2-1），空腔可以起到连通排水的作用。

2.1.2 防水材料耐久性

建筑外墙防水是一项系统工程，应根据建筑全寿命周期和建筑可维修性进行合理设计，如防水材料抗疲劳损害、抗冻融循环、饰面层粘结耐久性、饰面装饰砂浆、涂料的保色耐久性、预制构件接缝密封胶粘结耐久性和耐候性等。

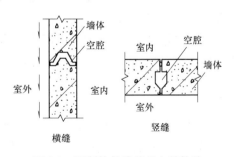

图 2-1　预制构件接缝的空腔构造

2.1.3　大面防水是基础

建筑外墙防水系统依据的基本理论是结构防水为整个防水系统的基础,柔性防水作为不可替代的有效补充。基于有缺陷、缺陷相互弥补理论进行可靠度设计,即结构、基层、材料、工艺、运营、维护等构成防水系统的各个子项、各个过程都会存在或多或少的缺陷,通过不同的构造设计尽可能杜绝层间窜水,以弥补相互的缺陷。

大面防水由于量大面广,其重要性不言而喻,所以定位大面防水是基础,主要弥补结构墙体的刚性防水缺陷而设置,需随同结构墙体基层的变形需要,因此,以偏刚性为主,强调与基层的粘结性。

2.1.4　细部防水是重点

建筑外墙存在大量的细部防水节点,包含点状防水,如穿墙孔洞、管道、管卡、对拉螺栓孔、预埋件、连接件等,以及线状防水如施工缝、变形缝、门窗周边、预制构件接缝、饰面分隔缝、幕墙板块接缝等。

2.1.5　注重裂缝因素

雨滴下落的大小与速度是不断变化的,降雨强度越大,相应雨滴的直径越大,雨速也越快。如果墙体无裂缝,无论多大的雨量,雨滴质量和速度所形成的冲击不会导致外墙渗漏。通过计算可知 100m 高的建筑在 12 级台风情况下,建筑表面风压仅 1.6kPa,有机防水材料不透水性至少 300kPa,无机防水材料的抗渗强度至少 600kPa。因此,风压对建筑外墙防水造成的影响微乎其微。通过对建筑外墙渗漏理论分析,及外墙防水施工、维修经验,发现外墙渗漏的根本原因在于各种裂缝的存在,降低了结构墙体的抗渗性能,尤其是贯通裂缝必然导致发生渗漏。通缝的宽度大,则雨量和风压起主要作用;通缝的宽度小,毛细现象及表面张力起主要作用。

2.2　外墙接缝防水设计

2.2.1　位移类型

装配式混凝土建筑的预制外墙构件在地震作用或者风作用下会产生层间变位,导致接缝发生相对位移。

根据位移量大小,分为厘米级较大位移和毫米级较小位移。较大位移多由地震、台风等自然灾害引起,较小位移多由结构徐变、温度变化引起的。

2.2.2　接缝分类

装配式混凝土建筑的预制构件接缝分类也可分为位移接缝和非位移接缝。如 PC、ALC 等预制构件之间的接缝,以及预制构件和主体结构之间的接缝,还有单元式幕墙构件之间的接缝等都可作为位移接缝。非位移接缝如窗框周边缝、施工缝、装饰缝等。

2.2.3 设计流程

接缝设计首先根据装配式建筑结构体系及变形特点，判断位移种类及接缝种类，由建筑师、结构工程师提供层间位移设计允许值和极限值。其次进行接缝的伸缩位移和层间位移的计算，根据密封胶设计伸缩率、剪切形变率（表 2-1），选择适合的密封胶种类确定接缝宽度（表 2-2），再根据接缝深度的容许范围确定接缝深度（图 2-2）。最后确定胶面形状，如平缝、圆凹缝或平凹缝。接缝设计流程见图 2-3。

密封材料的设计伸缩率、剪切形变率标准值　　　　　　　　　表 2-1

密封材料的种类		伸缩		剪切		耐久性分类
密封胶种类	符号	M_1 [1]	M_2 [2]	M_1 [1]	M_2 [2]	
双组分硅酮胶	SR-2	20	30	30	60	10030
单组分硅酮胶（LM）	SR-1LM	15	30	30	60	10030、9030
单组分硅酮胶（HM）	SR-1HM	（10）	（15）	（20）	（30）	9030G
双组分改性硅酮 [3]	MS-2	20	30	30	60	9030
单组分改性硅酮	MS-1	10	15	15	30	8020
双组分聚氨酯	PU-2	10	20	20	40	8020
单组分聚氨酯	PU-1	7	10	10	20	8020
备注	[1]：温度位移的情况下； [2]：风、地震引起的层间位移情况下； [3]：应力衰减型不在该范围； （）：玻璃周边接缝的情况下					

引自日本 JIS A 5758

注：本表中的材料试验方法引自日本标准 JIS A 1439，与现行国家标准《埋地排水用硬聚氯乙烯（PVC-U）结构壁管道系统》GB/T 18477 有区别。LM 为50%拉伸幅度下拉伸模量不大于 0.2N/mm²，HM 为50%拉伸幅度下拉伸模量大于等于 0.4N/mm²。

一般情况设计接缝允许范围（mm）　　　　　　　　　表 2-2

密封胶材料种类		设计接缝允许范围	
材料种类	符号	最大值	最小值
硅酮密封胶	SR	40(25)	10(5)
改性硅酮密封胶	MS	40	10
聚氨酯密封胶	PU	40	10

注：（ ）内数值为玻璃周边情况。

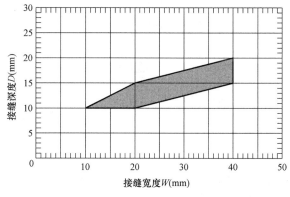

图 2-2　接缝宽深比容许范围

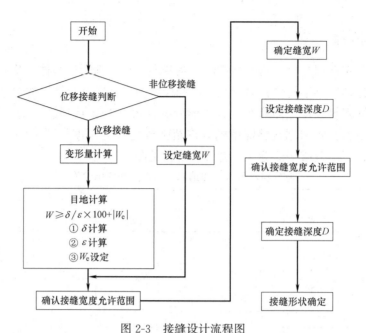

图 2-3　接缝设计流程图

W—设计接缝宽度（mm）；δ—位移（mm）；ε—密封材料的设计伸缩率、剪切形变率（%）；

W_e—接缝宽度的施工误差（mm）

理论上来说，接缝宽度越大越安全，相同位移的情况下，材料拉伸、压缩的比率越小，产生的内应力越小，对与构件基面的粘结要求越低，但如果宽度过大，由于密封胶的下垂性导致填充、饰面将变得困难，外观和经济性不佳；接缝深度越大，耐老化性能有所提升，但抗疲劳能力越差，过浅则易引起粘结不足而发生界面剥离和耐老化不足导致使用寿命的降低。

从施工的季节上来说，冬季低温时，接缝宽度处于最大值，宜选用圆凹缝，其他季节选用平缝或平凹缝；如果是带装饰面层的外挂墙板，宜选用平凹缝；装配整体式剪力墙结构表面做腻子找平并喷刷外墙涂料的，宜选用平缝（图 2-4～图 2-6）。

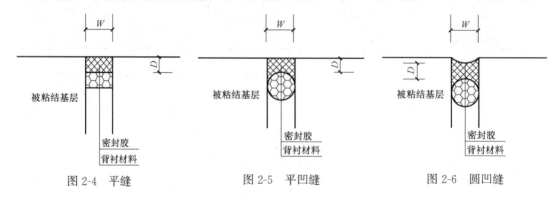

图 2-4　平缝　　　　　　　图 2-5　平凹缝　　　　　　图 2-6　圆凹缝

2.2.4　位移计算

温度位移计算：实际值与构件安装及约束条件有关，自由伸缩量值偏大：

$$\Delta L_t = \alpha \times L \times \Delta T$$

式中　α——构件线膨胀系数：$(1.0\sim2.0)\times10^{-5}/℃$，混凝土为 1.0；ALC 板为 0.7；

　　　　L——构件设计长度（m），计算竖向缝时，即构件高度；

　　　　ΔT——墙板与结构之间的相对温差，取值参照现行行业标准《玻璃幕墙工程技术规范》JGJ 102 可取 80℃。

层间位移计算：实际值难以计算，按规范取值，适用于 $H\leqslant150$m 建筑；

$$\Delta L_E=3\times\Delta=3\times\beta\times h$$

式中　β——层间位移角：多/高层钢结构 1/300；钢筋混凝土结构：框架 1/550；框剪 1/800；剪力墙或筒中筒：1/1000；

　　　　h——指建筑层高（通常指构件高度）。

接缝宽度计算：严格来讲，位移是矢量叠加，为简单和安全计：

$$W_S=\frac{\Delta L_t+\Delta L_E}{\delta}+d_c+d_f\geqslant20\text{mm}$$

式中　δ——密封条或密封胶可压缩空间比率，同时使用时取小值；$\delta=\dfrac{\Delta W}{W}$，根据密封材料的设计伸缩率和剪切形变率取值；

　　　　d_c——施工允许误差：$3\sim5$mm；

　　　　d_f——安全富余量：$3\sim5$mm。

故 20mm 宽、10mm 深的装配式接缝称为标准接缝，由于现场安装误差导致切缝，实际施工现场总的缝宽总体偏大。

2.2.5　构造设计

主体结构的上下两层紧密相接的混凝土结构之间，宜在两次混凝土浇筑的水平施工缝位置设计打胶凹槽，人为设置开裂引导缝（图 2-7）。上下两层预制混凝土墙板之间的水平接缝宜设置高低企口空腔构造（图 2-8）。

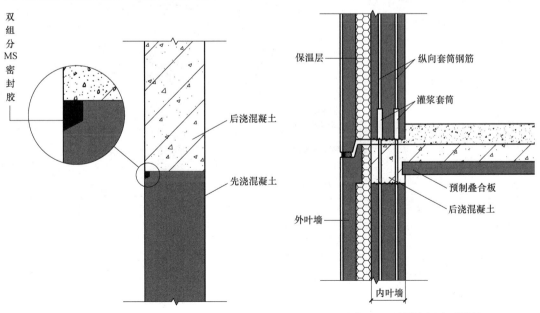

图 2-7　混凝土开裂引导缝　　　　　图 2-8　预制墙板水平接缝

2.3 防水细部节点

依据装配式混凝土建筑的防水特点，在装配式混凝土建筑需进行密封防水的部位，其细部节点应着重关注。

2.3.1 外墙接缝

装配式混凝土建筑的 PC 外墙板包括预制混凝土叠合（夹心）墙板、预制混凝土夹心保温外墙板和预制混凝土外挂墙板。

预制混凝土外挂墙板与结构连接形式不同，其节点防水密封的做法也不尽相同，预制混凝土夹心保温外墙挂板竖向拼缝间采用构造防水与材料防水相结合的防水进行密封处理（图 2-9、图 2-10），其水平接缝通过构造企口及材料防水的方式对拼缝进行处理（图 2-11～图 2-13）。

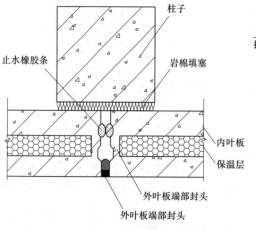

图 2-9 框架结构外挂墙板接缝构造

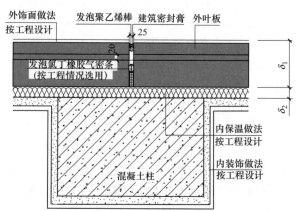

图 2-10 外挂墙板竖向缝构造

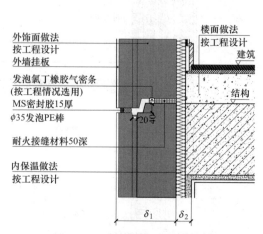

图 2-11 外挂墙板水平缝构造

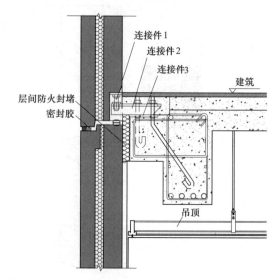

图 2-12 内浇外挂墙板接缝构造

预制混凝土剪力墙常见的有预制混凝土夹心保温外墙板，预制混凝土叠合（夹心）墙板，其连接包括竖向接缝连接和水平接缝连接两个部分，竖向接缝构造基本类似，采用后浇混凝土外墙进行连接，其阳角及平直段竖向接缝构造略有不同，可采用包括双组分 MS 密封胶与一种或多种防水材料相组合的做法对接缝进行处理（图 2-14、图 2-15）。预制混凝土剪力墙的水平接缝基本构造原理与预制外挂墙板接缝相同，但其连接多采用高强灌浆料进行连接，接缝设计时应注意预留密封构造位置（图 2-16）。其

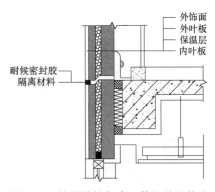

图 2-13　外挂装饰复合一体板接缝构造

与现浇转换层部位的密封处理常在设计中被忽视，可采用构造密封接缝的方法进行处理（图 2-17）。

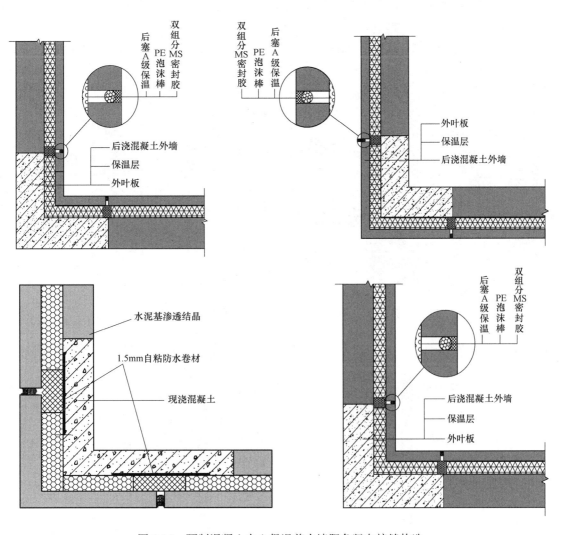

图 2-14　预制混凝土夹心保温剪力墙阳角竖向接缝构造

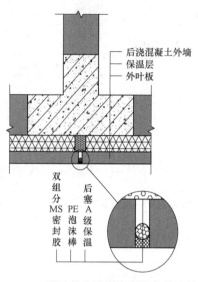

图 2-15 三明治剪力墙平直段竖向接缝构造

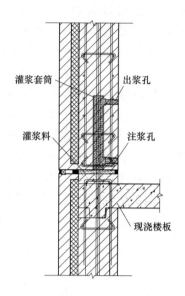

图 2-16 预制剪力墙内嵌接缝构造

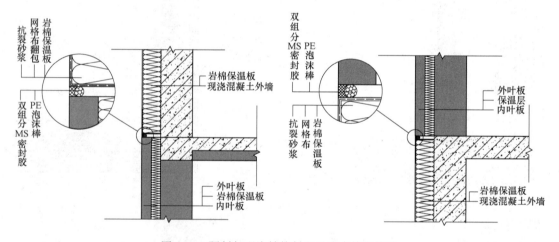

图 2-17 预制与现浇结构保温及防水接缝构造

常用导水管设置如图 2-18 所示，如果仅从平面去考虑，看似可有效阻止渗漏入空腔

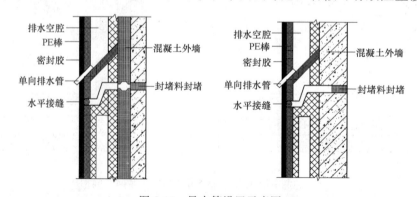

图 2-18 导水管设置示意图

的水分，但从实际情况来看，因排水路径未经三维考虑，预制混凝土未与保温板有效粘结，缝隙较多，导致空腔内水分无法通过排水管有效排出。可进行如下优化措施：双层防水、带排水路径，如图 2-19、图 2-20 所示。

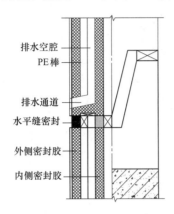
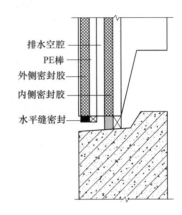

图 2-19　排水管横缝构造

该做法需满足外叶板最薄部位不得小于 50mm，即现场装配后有效宽度不得小于 50mm，且内部缝隙不得被其他杂物（混凝土、灌浆料等）填塞，对施工要求较高。

2.3.2　屋面与外墙及女儿墙

装配式混凝土建筑屋面部位存在现浇混凝土做法及预制混凝土做法两类，现浇混凝土与传统设计施工方式大致相同，预制混凝土做法中女儿墙包括压顶与墙身一体化设计（图 2-21、图 2-23）及压顶与墙身分离式设计（图 2-22），女儿墙竖向连接与预制混凝土外墙相同，但需注意其水平接缝的防水密封构造形式。

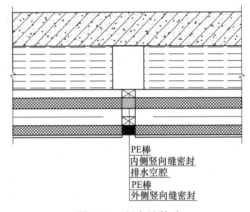

图 2-20　竖向缝构造

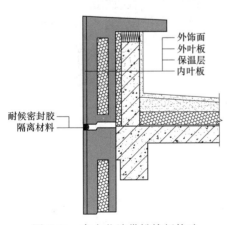
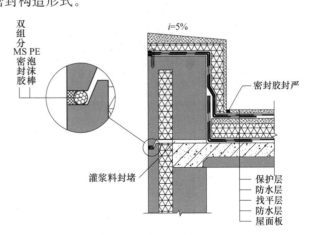

图 2-21　高女儿墙带挑檐板构造　　图 2-22　不带挑檐板构造

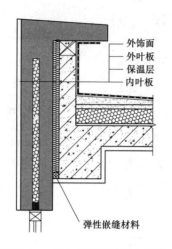

图 2-23　低女儿墙带挑檐板构造

2.3.3　阳台

装配式混凝土建筑阳台可分为叠合式阳台和全预制阳台，其防水密封方式略有不同，叠合式阳台板现浇部分不需进行密封处理（图 2-24），全预制阳台板与主体结构部分存在拼缝，需进行密封处理（图 2-25）。阳台构件及安装后形式如图 2-26 所示。

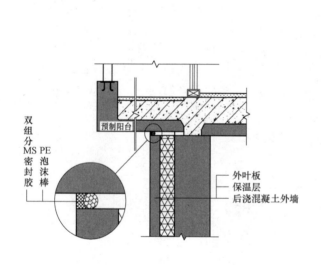

图 2-24　叠合式阳台构造

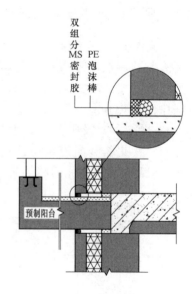

图 2-25　全预制阳台构造

2.3.4　空调板

装配式混凝土建筑空调板与阳台均属于悬挑式构件，现场大部分采用全预制空调板，其防水密封方式与全预制阳台板相同。常见的空调板预制形式如图 2-27 所示。

图 2-26　预制阳台

图 2-27　预制空调板

2.3.5　楼梯

预制楼梯是最早实施预制化的构件，预制楼梯包括板式楼梯和带平台板的折板式楼梯，其密封部位包括两端支座及其与侧墙部位，板式楼梯形式如图 2-28 所示。

图 2-28　预制楼梯

2.3.6　其他节点

装配式建筑除上述节点部位外，还包括外墙门窗等的诸多节点，因做法较多，仅列举部分，如图 2-29～图 2-31 所示。

图 2-29　预埋窗框构造

图 2-30　预埋副框构造

图 2-31　预留窗台构造

注：图 2-29～图 2-31 来源于"预制建筑网"公众号。

第3章

装配式混凝土建筑密封防水材料

3.1 防水材料

外墙常用防水材料依据材料的性质不同，可分为刚性防水材料和柔性防水材料，其经过施工形成整体的防水层，附着在建筑物的迎水面从而达到建筑物防水的目的。

刚性防水材料主要采用的是砂浆、混凝土或掺有外加剂的砂浆等，柔性防水材料主要包括防水涂料。

3.1.1 防水砂浆

刚性防水材料是指以胶凝材料、砂、石为原料或掺入少量外加剂、高分子聚合物等材料，通过调整配合比，抑制或减少孔隙率，改变孔隙特征，增加各种材料界面间的密实性等方法配制而成的具有一定抗渗能力的防水混凝土、防水砂浆以及其他刚性材料。外墙常用的刚性防水材料包括聚合物防水砂浆、聚合物防水灰浆（图3-1～图3-3）。

图3-1　单组分聚合物防水砂浆　　图3-2　双组分聚合物防水砂浆　　图3-3　聚合物防水灰浆

聚合物防水砂浆依靠某种外加剂，提高水泥砂浆密实性或改善砂浆的抗裂性，达到防水抗渗的效果。依据其组成成分可分为单组分和双组分两种。

聚合物水泥防水砂浆是以水泥、细骨料为主要原材料，以聚合物和添加剂等为改性材料并以适当配比混合而成的防水材料。具有一定的柔韧性、抗裂性和防水性，与各种基层墙体有很好的粘结力，可在潮湿基面施工。在施工现场，只需加水搅拌即可施工，操作简单，使用方便，各项试验其性能应符合《聚合物水泥防水砂浆》JC/T 984—2011的要求。

依据《建筑外墙防水工程技术规程》JGJ/T 235—2011，其收缩率指标为≤0.15％。

聚合物防水灰浆是以水泥、细骨料为主要组分，聚合物和添加剂等为改性材料按适当配比混合制成的、具有一定柔性的防水浆料。产品按组分分为单组分和双组分，单组分由水泥、细骨料和可再分散乳胶粉、添加剂组成。双组分由粉料（水泥、细骨料等）和液料（聚合物乳液、添加剂）等组成，其具有一定的柔韧性、抗裂性和防水性，与各种基层墙体有很好的粘结力，可在潮湿基面施工。在施工现场，只需加水搅拌即可施工，操作简单，使用方便，各项试验其性能应符合《聚合物水泥防水浆料》JC/T 2090—2011 的要求。

聚合物防水砂浆虽具有一定的柔韧性，但更偏刚性，与基层墙体粘结强度相对较高，适用于外墙砖或湿法粘贴石材饰面；聚合物防水灰浆相对更柔些，采用薄层施工工艺，适用于基面平整的涂料饰面；水泥基类防水材料施工基层均应润湿，同时应加强养护。

3.1.2 防水涂料

防水涂料是以高分子材料为主体，在常温下呈无定形液态，经涂刷后能够在结构表面固化形成具有相当厚度并有一定弹性的防水膜的物料总称。

防水涂料的基本特点如下：

（1）单组分防水涂料在常温下呈黏稠液体，经涂刷固化后，能形成无接缝的防水涂膜；

（2）防水涂料施工属于冷施工，操作简便，劳动强度低；

（3）固化后形成的涂膜防水层自重轻；

（4）涂膜防水层具有良好的耐水、耐候、耐酸碱特性和优异的延伸性能，能适应基层局部变形的需要；

（5）防水涂料的施工，以往采用的是人工涂刷的方法，现在可采用专用涂料喷涂设备进行施工，提高了施工速度和工程质量，保证了人身和环境安全，降低了劳动强度。

3.1.3 防水涂料分类

防水涂料从组成成分上分为单组分产品和双组分产品。按分散介质分为溶剂型和水性两大类。按涂料的成膜机理，可分为溶剂型（溶剂挥发成膜）、水乳型（水分挥发成膜）和反应型（湿气固化、反应固化）三类。根据构成涂料主要成分的不同，可分为以下四类：合成高分子类、橡胶类、橡胶沥青类和沥青类。外墙常用的为合成高分子防水涂料。外墙常用的合成高分子防水涂料包括单组分（双组分）聚氨酯防水涂料、聚合物水泥防水涂料（图 3-4～图 3-6）。

聚氨酯防水涂料分双组分、单组分两种，双组分为甲、乙两组分，甲组分是以聚醚树脂和二异氰酸酯等为原料，经过聚合反应制成的含有二异氰酸酯基（-NCO）的聚氨基甲酸酯预聚物；乙组分是胶联剂、促进剂、增韧剂、增黏剂、防霉剂、填充剂和稀释剂等混合加工而成，溶剂挥发及自反应成膜，表实干时间短。单组分是利用混合聚醚进行脱水，加入二异氰酸酯与各种助剂进行环氧改性制成，溶剂挥发及湿气固化受环境温湿度影响稍大，固化时间长、成膜质量好。各项试验性能应符合《聚氨酯防水涂料》GB/T 19250—2013 要求，其环保性能应符合《建筑防水涂料中有害物质限量》JC 1066—2008 中的要求。

图 3-4　单组分聚氨酯
防水涂料

图 3-5　双组分聚氨酯防
水涂料

图 3-6　聚合物水泥
防水涂料

聚合物水泥防水涂料，又称 JS 复合防水涂料（"JS"为"聚合物水泥"的拼音字头），是以丙烯酸酯、乙烯酯等聚合物乳液和水泥为主要原料，与各种添加剂组成的有机液料以及水泥、石英砂和各种添加剂、无机填料组成的无机粉料，通过合理配比复合制成的一种双组分水性防水涂料，属于有机与无机复合型防水材料。各项试验其性能应符合《聚合物水泥防水涂料》GB/T 23445—2009 的要求。聚合物防水涂料按物理力学性能分为Ⅰ型、Ⅱ型和Ⅲ型，Ⅰ型延伸率较大，不透水性好，但粘结强度较低，适用于活动量较大的基层，建筑外墙受温度影响，墙体基层容易产生变形，因此涂料墙面、门窗洞口等细部防水可选择Ⅰ型产品；Ⅱ型及Ⅲ型延伸率相对较小，但粘结强度较高、抗渗性好，真石漆墙面宜选择Ⅱ型或Ⅲ型。产品中有害物质限量应符合《建筑防水涂料中有害物质限量》JC 1066—2008 4.1 中 A 级的要求。

3.2　密封材料

3.2.1　密封材料分类

密封材料可分为定型密封材料和不定型密封材料。

定型密封材料是指按照不同工程要求将密封材料的断面形状做成垫状、条状和带状等，可以用来专门处理地下构筑物和建筑物的裂缝，从而达到防水和止水的目的。一般常见的这类密封材料主要是密封垫和止水带两种（图 3-7）。

不定型密封材料是指不具有固定的形状，跟随结构及接缝状态，嵌填或挤出固化后成型的密封材料，分塑性密封材料和弹性密封材料。

塑性密封材料（弹性恢复率≤40%），主要由无机材料和小分子的有机物制成，有一定的耐久性，但缺乏一定的延伸性和弹性，不适用于位移接缝。

弹性密封材料（弹性恢复率≥60%），一般是由弹性高分子材料制作而成，具有较强的延伸性、弹性恢复率和粘结性，良好的变形能力，能较好适应接缝位移。装配式混凝土建筑的外墙接缝用密封材料主要是不定型的弹性密封胶（图 3-8）（常简称密封胶）。

3.2.2　密封胶分类

密封胶有多种分类方式。如按组分可分为单组分和多组分。按固化方式可分为溶剂型密封胶、乳液型密封胶、本体型密封胶。按流动性可分为非下垂型（N）和自流平型（L）两个类型。按位移能力分 50、35、25、20、12.5、7.5 六个级别。按拉伸模量分为低模量（LM）和高模量（HM）两个次级别。密封胶按成分可分为改性硅酮密封胶（MS）、聚氨酯密封胶（PU）、硅酮密封胶（SR）、聚硫密封胶（PS）等。

图 3-7　定型密封材料

图 3-8　不定型密封材料：单双组分密封胶

主要性能对比表：从综合性能而言，改性硅酮（MS）密封胶最适合于装配混凝土结构，密封胶的耐候/耐久性取决于聚合物的化学键能及含量、填充物的种类、配方技术及生产工艺，见表 3-1。

MS、SR、PU 主要性能对比表　　　　　　　　　　表 3-1

类别	界面粘结强度	位移追随能力	耐候/耐久性	建筑美观度
MS（改性硅酮）	★★★★★ 底涂配套 快速固化 粘结强度优异	★★★★★ 低模量（≤0.2N/mm²） 弹性恢复率91% 完全适应接缝位移变化	★★★★★ 长达30年的耐老化能力 粘结性和位移追随性在暴露条件下长效保持	★★★★★ 可涂饰（完全涂盖或修直） 可外露、可调色 无硅油迁移导致的表面污染
SR（硅酮）	★★★ 拉绳试验可撕脱	★★ 易因位移追随不足 导致接缝剥离	★★★ 由于硅油迁移,逐步 发生胶体硬化	★ 不可涂饰 由于硅油迁移,1～2年 即发生严重墙面污染
PU（聚氨酯）	★★★ 拉绳试验可撕脱	★★★★★ 可适应接缝位 移变化	★★★ 即使涂料覆盖下也发生 表面龟裂、粉化和胶体硬化	★★★ 不可外露

通常装配式混凝土建筑密封胶选用多组分或单组分的低模量改性硅酮密封胶或聚氨酯密封胶（图 3-9、图 3-10）。

图 3-9　单组分密封胶

图 3-10　多组分密封胶

单双组分密封胶性能对比见表 3-2。

单双组分改性硅酮（MS）密封胶性能对比　　　　　　表 3-2

项目	单组分改性硅酮(MS)密封胶	双组分改性硅酮(MS)密封胶
固化机理	湿气固化受环境影响较大,如温度、湿度等。固化速度慢,由表层逐渐向内层固化,10mm深胶缝固化时间需要7~14d	固化剂反应固化,受环境影响小,内、外层同步反应固化,固化更均匀、更快速,通常48h即可完成固化,胶体质量更有保障
节能环保	设计伸缩率和剪切形变率仅为双组分的50%,胶缝宽度和深度较大;残留、回收、密实度、粘结面积均得不到保证,施工损耗约为20%~25%;包装成本较高,施工垃圾较多,不利于节能环保	具有较大的设计伸缩率和剪切形变率,材料用量更省;采用压胶和刮胶双重工艺,胶体密实度和粘结质量均得到可靠保障,余料可回收使用,施工损耗更低,仅为3%~5%,更节能、更环保
施工性能	黏度相对较大,采用挤出法施工,低温施工黏度增加较为显著,单组分胶枪受软包密封胶长度影响相对较大,在使用吊篮环境下,打胶操作较为不便,会影响打胶质量,常采用一枪成活,对工人操作要求极高;由于单组分密封胶不需要搅拌,直接装填,从表面上看,施工较为简捷、方便	采用吸胶法施工,黏度小,低温施工性能较好;胶枪可随时进行吸胶和打胶作业,相对较短,操作更为灵便,采用压胶、刮胶和表面修饰,胶体质量、表观质量更佳;使用配套的专用搅拌机固定比例,搅拌充分、均匀,从搅拌、吸胶、打胶的整体工效来看,施工依然较为方便、快捷
物理性能	弹性回复率能满足80%要求;耐久性达到8020级别,使用温度范围、耐久性、抗疲劳性相对较弱	弹性回复率约90%;耐久性达到9030级别,使用温度范围更宽泛,耐久性更好,抗疲劳性更佳
粘结性能	不使用配套底涂,必然影响粘结质量,一旦粘结出现问题,如气密性、水密性等其他性能均不会存在	使用配套专用底涂,可确保粘结性能

3.2.3　装配式混凝土建筑密封胶特性要求

"弹性模量"的一般定义是:单向应力状态下应力除以该方向的应变,可视为衡量材料产生弹性变形难易程度的指标,其值越大,使材料发生一定弹性变形的应力也越大,即材料刚度越大(通俗说就是柔软程度),亦即在一定应力作用下,发生弹性变形越小。

装配式混凝土建筑结构,由于受到温度伸缩、地震台风、结构荷载、不均匀沉降等作用产生位移,导致装配式外墙接缝位移通常较大,因此装配式混凝土建筑密封胶一般需要具有以下特性。

(1)良好粘结性

与混凝土基材的粘结性能是装配式混凝土建筑密封胶应有的最基本性能,没有良好粘结性的密封胶容易与混凝土剥离、脱落,引起外墙渗漏。

根据《装配式建筑密封胶应用技术规程》T/CECS 655—2019 要求,先涂刷专用配套底涂(由于各厂家的密封胶及底涂的种类及配方不一致,易发生粘结质量问题),再进行密封胶施工,以确保粘结的可靠性、耐久性,保证密封防水效果,但在实际施工中经常发生溶剂替代底涂、底涂的漏刷、涂刷过厚形成隔离层等问题。

粘结性良好的判断标准:在任何情况下,也不应发生粘结界面的破坏形态,即使是极限破坏状态下,也应是内聚破坏而非界面破坏。界面破坏意味着密封胶失去粘结密封的性能,导致接缝渗漏,材料耐候、耐久性再好也没有意义。

(2)低模量

密封胶模量通常是指 25 级及以上(100%的拉伸模量)、20 级(60%的拉伸模量),即密封胶被拉伸 1.0 倍/0.6 倍长度时,密封胶产生的应力(也称内聚强度)。低模量密封胶按现行的国家标准为:23℃时,拉伸模量 ≤ 0.4MPa,且 −20℃时,拉伸模量 ≤ 0.4MPa。

在接缝产生位移时,低模量密封胶产生的应力较小(图 3-11),相应降低了对粘结面的粘结强度要求,不容易破坏粘结面、基材或密封胶本体,更好地保护接缝的密封和防水能力。因此,装配式建筑密封胶通常选择低模量。

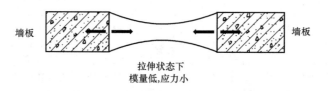

图 3-11　应变和应力示意图

(3)位移能力好

装配式混凝土建筑密封胶的位移级别通常要求不低于 25 级,装配整体式剪力墙结构的水平缝位移较小,也不应低于 20 级。密封胶的实际位移要求应根据位移计算公式来确定。

密封胶的位移能力是指在一定的拉压幅度内(±20%、±25%、±35%、±50%),密封胶满足接缝密封功能的位移能力。根据现行国家标准,改性硅酮(MS)密封胶的位移能力分为 20 级和 25 级,体现的是密封胶适应接缝变形的能力。

如果密封胶位移级别低于接缝的实际要求,则密封胶很快出现胶体开裂现象,使防水失效。因此,所选择密封胶的位移级别应不低于设计要求,否则易引起界面剥离或疲劳损坏。

(4)弹性恢复率高

温度上升时,装配式 PC 板膨胀,使 PC 板接缝宽度变窄;温度下降时,装配式 PC 板收缩,使 PC 板接缝宽度变宽;环境温度不断在变化,接缝宽度也随之变化,导致密封胶被反复拉伸和压缩。弹性恢复率高的密封胶，虽被拉伸或压缩了一段时间，但外界力量松开后，密封胶能较好地恢复到原来的状态（图3-12）。

弹性恢复率 R 是指密封胶受拉伸以后，弹性恢复的能力，在标准试验状态、25％、60％、100％拉伸状态下进行测试；

$$R=\frac{W_e-W_t}{W_e-W_i}\times100$$

试验方法为将试件按要求拉伸后自然恢复，W_e 为将试件拉伸，伸长后的宽度；W_t 为试件恢复后的宽度；W_i 为试件的初始宽度。

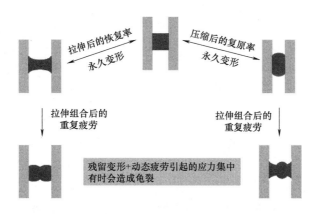

图 3-12　拉压循环后的弹性恢复

（源自日本专家：久住明）

（5）相容性好

相容性是指底涂与粘结基材、密封胶与底涂、饰面涂料与密封胶之间不存在相互影响粘结或产生色变的性能；相容性包含材性相容及工艺相容两方面的性能。

3.2.4　装配式混凝土建筑密封胶理化指标

装配式混凝土建筑密封胶应符合《装配整体式混凝土建筑外墙接缝防水密封应用技术标准》T/SCDA 014—2018，见表3-3。

接缝防水密封胶主要性能指标　　　　　　　　　　　　表3-3

序号	项目		性能指标	试验方法
1	外观		细腻、均匀膏状物或黏稠液体,不应有气泡、结皮或凝胶	《混凝土接缝用建筑密封胶》 JC/T 881
2	表干时间,h		≤24	《建筑密封材料试验方法》 GB/T 13477
3	下垂度 mm	垂直	≤3	
		水平	无变形	
4	挤出性1),mL/min		≥150	
5	适用期2),h		≥1	
6	弹性恢复率,%		≥80	

续表

序号	项目		性能指标	试验方法
7	拉伸模量,MPa	23℃	≤0.4	《建筑密封材料试验方法》GB/T 13477
		−20℃	≤0.6	
8	定伸粘结性		无破坏	
9	浸水后定伸粘结性		无破坏	
10	冷拉-热压后粘结性		无破坏	
11	热老化	质量损失率,%	≤4	
		龟裂	无	
		粉化	无	
12	污染性,mm	污染宽度	≤1.0	
		污染深度	≤1.0	
13	耐久性(6个循环)		无破坏	《装配整体式混凝土建筑外墙接缝防水密封应用技术标准》T/SCDA 014—2018 附录A
14	相容性	试验试件与对比试件颜色变化	一致	《建筑用硅酮结构密封胶》GB 16776—2005 附录A
		基材与密封胶粘结(试验试件、对比试件)破坏面积差值,%	≤5	

注:1)此项仅适用于单组分产品;
  2)此项仅适用于双组分产品,允许供需双方商定的其他标值

3.3 底涂

3.3.1 底涂的必要性

底涂是为了保证预制构件接缝处密封胶对混凝土基层的粘结性。混凝土是一种渗透性、多孔性材料,孔洞的大小和分布不均匀,不利于密封胶的粘结,故不易保证密封胶与混凝土板表面的长期粘结性。另外,混凝土本身呈碱性,特别是在基材吸水时,部分碱性物质会迁移到密封胶和混凝土接触界面,从而影响粘结性能。预制构件生产时会采用隔离剂,如隔离剂残留在预制构件表面,也会使密封胶和基材的粘结不良。因此在施胶之前选择与密封胶适配的底涂涂刷在基层上是很有必要的。

若无底涂,直接施胶,混凝土表面有松散颗粒、浮灰,以及表面凹陷部分接触不到密封胶,导致粘结不良,且混凝土的返碱会持续威胁界面的粘结性(图3-13)。

先刷底涂,后用胶。底涂液渗透进混凝土,在混凝土表层形成一层均匀、致密、结实的底涂层,有效地隔离混凝土的碱(图3-14)。

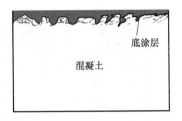
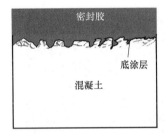

图 3-13　错误的无底涂施工

图 3-14　底涂作用

3.3.2　底涂的基本要求

底涂应符合下列规定：

(1) 底涂应能够增强密封胶与基材的粘结性（图 3-15）；

(2) 底涂不应与基材发生不良反应；

(3) 底涂应满足密封胶的粘结性能要求；

(4) 底涂应处于使用有效期内，并无凝固、沉淀或者硬化等变质问题。

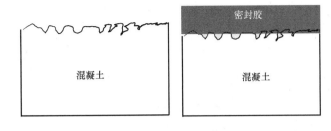

图 3-15　底涂

3.3.3　底涂的物理性能指标

底涂物理性能指标见表 3-4。

底涂物理性能指标　　　　　　　　　　　　　　　　　表 3-4

序号	项目	性能指标	试验方法
1	外观	匀黏稠体，无凝结、结块	《聚氨酯防水涂料》GB/T 19250
2	表干时间，h	≤12	《建筑防水涂料试验方法》GB/T 16777
	实干时间，h	≤24	
3	粘结强度，MPa	≥1.0	《建筑防水涂料试验方法》GB/T 16777—2008 第 7.1 节中 A 法

注：表干是指手摸不粘为标准。

3.4 辅助材料

3.4.1 衬垫材料

衬垫材料是用于在打胶前嵌填进接缝腔体中起填充、控制打胶厚度、防止密封胶三面粘结的一种圆形棒状或方形板状柔性材料。同时在压实密封胶时，衬垫材料给予密封胶支承力，使密封胶填满腔体，与两侧基面充分浸润，从而达到良好的粘结效果（图3-16、图3-17）。

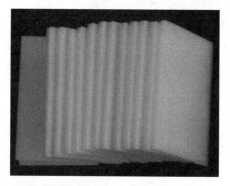

图 3-16　板状 PE 泡沫板

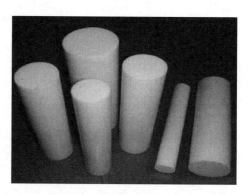

图 3-17　圆形 PE 泡沫棒

衬垫材料应符合下列要求：

（1）衬垫材料自身与密封胶应不粘，避免形成三面粘结。因为三面粘结易产生应力集中，可能导致密封胶开裂，密封防水性能下降（图3-18）。

（2）衬垫材料应有一定弹性，以便嵌进接缝，并能产生一定的支承力。

基于上述要求，衬垫材料通常选用柔性闭孔的圆形或方形 PE 棒，其密度不应小于 $37kg/m^3$，直径应不小于缝宽的 1.2 倍。

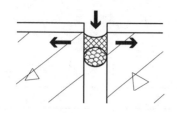

压胶时，衬垫材料提供背后支撑力，使胶往左右两面挤压，与基材充分接触，提高有效粘结面积

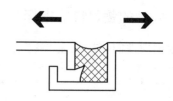

背衬材料与密封胶不粘，防止形成此图中的三面粘结，在接缝变形时，形成密封胶破坏

图 3-18　衬垫材料（左）与三面粘结（右）

3.4.2 排气水管

排气水管是被安置在预制混凝土外墙板竖向接缝中的塑料或橡胶管件，起到两个作用：

（1）使接缝空腔内外气体流通、接缝空气内的压力和大气压一致。

（2）当接缝空腔内渗入的雨水或有冷凝结露水时，可通过排气水管排出空腔内的水，避免水进一步渗入室内。

排气水管内径不应小于 8mm，管壁厚度不应小于 1mm，且应采用橡胶材料制作的带止水功能的圆形管。注意：安装时，凸点应向上（图 3-19）。

3.4.3 防火封堵材料

防火封堵材料用于封堵 PC 板接缝的室内侧。防火封堵材料应符合《防火封堵材料》GB 23864 的要求。采用的防火封堵材料一般有：胶泥状的柔性有机堵料、无机堵料、固体的缝隙封堵材料、防火密封胶等（图 3-20）。

图 3-19　单向橡胶排气水管　　　　图 3-20　防火胶泥

3.4.4 美纹纸胶带

美纹纸胶带在建筑工地上通常被简称为美纹纸，其主要目的是在打胶时，保护墙面不受密封胶的污染，以保持墙面美观。因此，美纹纸胶带宽度不宜小于 2cm，厚度不宜大于 0.2mm，同时符合《美纹纸压敏胶粘带》HG/T 3949—2016 的要求；应选用具有一定韧性、良好初黏性和持黏性、余胶基本无残留的美纹纸。由于美纹纸的质量很大程度取决于用纸质量，因此建议使用更有韧性和结实的和纸美纹纸胶带（图 3-21）。

美纹纸胶带还有一个附加功能：用于判断基面潮湿程度是否适合于打胶。如美纹纸无法粘附在基面，表明不适合于打胶，应等基面干燥后再打胶。

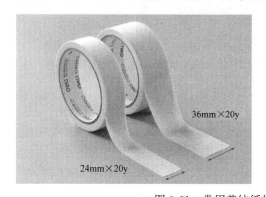

图 3-21　常用美纹纸规格及施工应用示意图

3.4.5 橡胶气密条

密封用橡胶气密条是安装在 PC 外墙板接缝中，起阻隔空气、防止雨水通过，作为二道防水。其所处位置一般在 PC 外墙板接缝的靠室内侧、在防火封堵材料的外侧。

密封用橡胶气密条（图 3-22）应符合现行国家和行业标准《建筑门窗、幕墙用密封胶条》GB/T 24498、《工业用橡胶板》GB/T 5574、《建筑用橡胶结构密封垫》GB/T 23661 的规定。

图 3-22　橡胶气密条及应用示意图

3.4.6　抗裂网格布

抗裂网格布（图 3-23）是以无碱玻璃纤维网布为基布，表面涂覆高分子耐碱涂层制成的聚酯网格布。抗裂网格布应采用单位面积质量 $\geqslant 130\mathrm{g/m}^2$，其性能应符合《增强用玻璃纤维网布 第 2 部分：聚合物基外墙外保温用玻璃纤维网布》JC 561.2 的要求。

图 3-23　耐碱抗裂网格布

3.4.7　防漏浆胶带

防漏浆胶带是一种用在预制墙板接缝的内侧面，防止现浇混凝土时浆液渗入接缝中的一种自粘式带状材料。防漏浆胶带可以起到保护接缝的目的，防止水泥砂浆漏进接缝后，基面难以清理，影响密封胶对基面的粘结牢度，避免削弱接缝防水的可靠性。

防漏浆胶带（图 3-24）宜采用厚度不小于 3mm 的自粘丁基胶带，符合《丁基橡胶防水密封胶粘带》JC/T 942—2004，也可采用双面有胎自粘防水卷材（图 3-25），应符合《自粘聚合物改性沥青防水卷材》GB 23441—2009。

图 3-24 防漏浆胶带

图 3-25 双面有胎自粘防水卷材

3.5 产品质量检验

外墙接缝密封防水主要组成材料的复检项目：

（1）密封胶：下垂度、弹性恢复率、表（实）干时间、拉伸模量、定伸粘结性；

（2）底涂液：表干、实干时间、粘结强度；

（3）衬垫材料：材质、规格、密度。

检查方法：核查质量证明文件；随机抽样送检，核查复验报告。

检查数量：同一厂家、同一品种产品，每 $10000m^2$ 建筑面积不少于 1 次，不足 $10000m^2$ 建筑面积也应抽样 1 次。抽样应在外观质量合格的产品中抽取。

（4）排气水管：外观及材性检查。

（5）抗裂网格布：经纬密度、单位面积质量、拉伸断裂强度、可燃物含量、长度和宽度、外观。

3.6 运输储存及安全注意事项

运输储存及安全注意事项见表 3-5。

运输储存及安全注意事项 表 3-5

材料	运输	储存
密封胶	应防止日晒雨淋、撞击、挤压包装,产品按非危险品运输	应在干燥、通风、阴凉场所储存,储存温度不超过 27℃,产品自生产之日起,保质期不少于 6 个月
底涂液	应防止日晒雨淋、撞击、挤压包装。底涂液容量不大于 1L,按有限量危险品运输	应在干燥、通风、阴凉的场所储存,储存温度不超过 27℃,产品自生产之日起,保质期不少于 3 个月
衬垫材料	严禁烟火,不可重压或与锋利物品碰撞	产品放在干燥通风处,不宜露天长期暴晒,远离火源,不能与化学药品接触
排气水管	避免受到撞击、日晒、抛摔和重压	存放场地应平整,堆放整齐,堆放高度不超过 2m,远离热源。避免挤压变形。当露天存放时,应遮盖,防止暴晒

续表

材料	运输	储存
防火封堵材料	应防止日晒雨淋,并符合运输部门的有关规定	应存放在通风、干燥、防止日光直接照射的地方
美纹纸	应防止日晒雨淋	应存放在通风、干燥、防止日光直接照射的地方
密封用橡胶气密条	避免受到撞击、暴晒、抛摔和重压	应远离热源;避免挤压变形;当露天存放时应遮盖,防止暴晒
防漏浆胶带	应防止日晒雨淋、撞击、挤压包装。按非危险品运输。包装箱堆码层数不多于四层	产品应在不高于35℃的干燥场所储存,避免接触挥发性溶剂。包装堆码层数不多于四层。产品自生产之日起,保质期不少于12个月

第4章

装配式混凝土建筑密封防水施工作业

4.1 施工前准备工作

4.1.1 人员准备

防水打胶作业是一项对个人技能要求很高的工作，需要丰富的实际操作经验，作业人员应当经系统化的专业培训后方可上岗，专业培训应包括理论知识与实操反复练习。

现场所需的施工作业人员数量应根据现场的工期要求、工程量、施工人员的技能水平综合确定。

关于施工米数工程量的计算，需参考现场建筑物的平面图及立面图，计算出横向接缝及竖向接缝的总和，即为所需施工的米数（图4-1）。

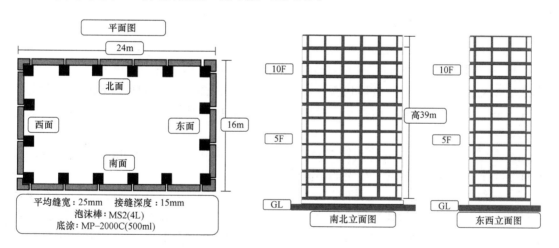

图 4-1　建筑平立面示意图

密封胶施工的接缝缝宽为25mm，缝深为15mm，计算方法如下：

首先，计算横向接缝——平面图中东西南北1层的横向接缝距离计算：

$15m \times 2$ 面 $+22m \times 2$ 面 $=74m$；$74m \times 12$（横向接缝的条数）$=888m$

然后，计算竖向接缝——立面图中东西南北的PC板纵向接缝条数：

$38m$（高度）$\times 20$（纵向接缝的条数）$=760m$

因此，总施工米数为：

888m（横向接缝合计）＋760m（纵向接缝合计）＝1684m

作业人员数量计算方法参考以下公式：

施工总米数÷每个小组所能完成的施工米数÷给定的施工周期＝所需人数

实际每个小组能完成的施工米数，还需参考实际现场的接缝设计及施工人员的技能水平。

4.1.2 材料准备

（1）主材、底涂、辅材的使用量计算：

主材用量计算：以常见的双组分 MS 密封胶，容量 4L/桶为例，

$$\frac{接缝宽度（mm）\times 接缝深度（mm）\times 施工米数（m）}{4000mL}＝密封胶净用量$$

底涂的计算：以 500mL/罐为例，

$$\frac{双组分 MS 密封胶所需桶数}{4}\approx 底涂所需桶数（计算结果需向上取整）$$

美纹纸的计算：以密封胶专用美纹纸 18m/卷为例，

$$\frac{施工米数（m）}{18（m）}\times 2（接缝上下）\times 1.1（10\%损耗）\approx 所需卷数$$

泡沫棒的计算：以四角型为例，

$$施工米数（m）\times 1.05（5\%损耗）\approx 所需米数$$

（2）材料的选择：密封胶所必须具备的性能如下。

① 粘结性：是密封胶最重要的性能，粘结性不良或与粘结基层剥离，其他的一切性能将无从谈起，即使在极限破坏状态下，密封胶也不应发生界面剥离破坏，涉及因素主要包括：底涂是否专用配套、密封胶本身粘结性、基层材性与底涂、密封胶的相容性、基层含水率与施工环境条件等。

② 水密性、气密性：是密封胶最基本的性能，必须很好地与构件相粘结或附着在其表面与构件一起形成连续的、稳定的不浸透层。

③ 接缝的动态追随性：构件间的接缝会由于构件的热胀冷缩或地震、风压等各种原因而导致位移。因此密封胶必须具有随接缝的扩大、缩小、剪切变形等进行相应的变形，称之为接缝的动态追随性。如果过高评估了密封材料的设计伸缩率，或计算出的接缝处产生的位移过小，那么现场实际的伸缩率会出现比设计伸缩率更大的情况，致使密封材料出现内聚破坏。包括：位移能力、弹性恢复率、延伸率、抗疲劳性能。

④ 耐久耐候性：一般情况下，密封胶表面不宜设置保护层，尤其是外墙面上使用时，也不建议用弹性涂料遮盖，不得采用刚性材料（找平砂浆、腻子）覆盖，建议直接外露使用，但应充分考虑紫外线、高低温差、湿度水分等室外长期暴露因素的影响，因此非常考验密封胶的耐久耐候性（抗老化性），在对接缝条件进行整理后，务必使密封胶耐候性及抗疲劳能力保持良好的平衡。

⑤ 无污染性：随着人们生活品质的提高，对建筑外观的质量要求也随之变化。因此，

在材料选择上须考虑产品使用后是否会导致墙面的污染、变色，以及维修便利性等问题。尤其是使用在建筑外墙接缝上的密封胶，其污染特点可大致分为以下几种：

a. 密封胶本身的污染：外墙接缝处填充的密封胶上吸附粉尘，出现污染的现象称为"粉尘附着污染"，这一现象在硅酮类密封胶上尤为突出。

b. 密封胶引起的接缝周围污染：在外墙接缝处使用硅酮类密封胶时，打胶完成后接缝周围往往会出现污染。这种现象称为接缝周边污染，主要沿接缝呈带状出现。该污染产生的原因是，硅酮类密封胶中含有的少量游离硅分子迁移或渗透到了外装材料上，并有灰尘附着其上。针对这种污染，应在设计初期判断是否由于接缝的设定条件、外墙清洁周期、接缝的排水效果等导致污染，并选择合适的密封胶。

c. 密封胶本身的变质：密封胶与合成橡胶（玻璃装配用橡胶和垫块）直接接触后，合成橡胶内的增塑剂和硫化促进剂会迁移至密封胶，造成胶体软化、胶体粘结破坏、变色和褪色等问题。为了防止该问题的发生可以通过隔绝密封胶与合成橡胶，或者选择不含有害转移物质的合成橡胶。需要在设计阶段根据密封胶厂商提供的相关资料或相容性检测试验确定。

d. 密封胶引起的饰面材料变质：如果在密封胶上进行涂料、饰面涂料或者防水涂层材料的施工，一段时间后表面可能会出现变色或者软化发黏的情况。这种情况属于涂料污染，常被称为渗出现象。它是由于密封胶所含的增塑剂和增黏剂等转移到了饰面材料或防水材料上所引起的。应根据需要在密封胶表面涂布的饰面材料或防水材料的基础上，咨询密封胶生产商，以避免这种现象。

（3）单组分密封胶和双组分密封胶的区别及特点

① 单组分密封胶（适用于非位移接缝）

单组分密封胶的固化机理为湿气固化，打开包装后材料和空气中的水分发生反应，由表面开始固化，因此需要较长时间才能达到材料的深层固化。由外至内的固化方式，容易导致表面在短时间内发生结皮现象，因此施工时，可操作时间较短。表面结皮后无法再次使用，施工损耗较大。综上所述，单组分适用于非位移接缝，或用量较小的接缝。

② 双组分密封胶（适用于位移接缝）

双组分密封胶的固化机理为反应固化，在现场施工前将主剂、固化剂、色浆混合后，使用专用的双组分搅拌机进行均匀地搅拌，能达到从里到外均一固化的效果。搅拌完成后的可操作时间长，适用于装配式外墙等缝宽较大的接缝，以及在固化途中发生位移较大的接缝。施工损耗较单组分少，在材料的有效时间内可回收再利用（有效时间根据环境温度不同，在 1～2h）。

（4）底涂的重要性

底涂最大的作用是提高密封胶最重要的性能——粘结性，是必不可少的。其次，底涂还能强化被粘结体表面上较为脆弱的部分，防止被粘结体或密封胶内增塑剂的转移，防止多孔材质（如混凝土）内部的水、碱性物质等渗入密封胶表面。与单组分产品不同的是，双组分 MS 密封胶必须搭配底涂才能具备粘结性。

（5）高模量和低模量的区别

高模量（HM）是指密封胶拉伸模量测试值在 $-20℃$ 时 $\geqslant 0.6MPa$ 或在 $23℃$ 时 $\geqslant$

0.4MPa，该次级别密封胶表面坚硬，同时应力较大，对位移没有追随性，使用在位移接缝会导致粘结破坏，造成漏水的可能。

低模量（LM）是指密封胶拉伸模量测试值在-20℃时≤0.6MPa 或在 23℃时≤0.4MPa，该次级别密封胶表面柔软，同时应力较小，对位移接缝有一定的追随性，适用于位移接缝。

（6）密封胶的选定原则——适材适所（图 4-2）。

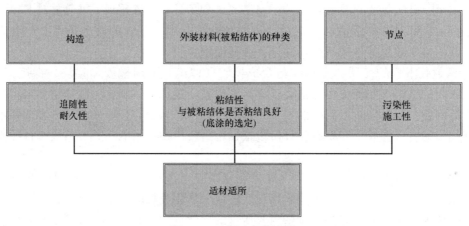

图 4-2　适材适所示意图

在进行材料选择时，不仅仅需要理解各种材料的性能、特征，还需要了解实际现场对于材料所要求的性能、构造、外装材料的种类、节点设计的情况，掌握所有的内容之后才能选择最适合某个现场的密封胶材料。

材料选择阶段需要验证的性能：

① 粘结性试验

密封胶肩负着防漏水的重要功能，要确保其发挥作用，最重要的就是保证其粘结性能。而粘结性取决于底涂，因底涂种类选择错误或施工、管理中的缺陷导致底涂无法发挥其性能、最终出现粘结破坏的情况不在少数。因此确认底涂和被粘结体的粘结性试验、动态耐久性试验（图 4-3）尤为重要。

② 耐久性试验

装配式混凝土外墙会受到热伸缩及干燥收缩的双重影响，接缝多为位移接缝。因此在选择密封胶时，应考虑高耐久性、高位移追随性、低模量的产品。

图 4-3　粘结、动态耐久性试验

③ 污染性试验

密封材料的污染分为两种类型，分别是粉尘等附着在密封材料表面而出现的污染以及由于密封材料内部成分的渗透或迁移而使接缝周边产生的污染。以上污染现象均会影响建筑物的观感，尤其石材接缝处应引起特别注意。

④ 涂饰试验

在密封胶表面进行涂料施工时，因密封胶内部的成分渗出，可能会导致后期施工的涂装层出现软化、溶解、变色、污染的现象。实际施工中，密封胶和涂装材料的种类繁多，各种组合是否相容，需要在设计选材阶段做好相关工作，避免后期产生问题。

⑤ 不同种类密封胶搭接施工

新建工程原则上不建议不同种类密封胶搭接施工，实际工程项目中应根据不同种类密封胶的特性及工程特点选用不同种类的密封胶。在维修工程中因项目现场情况的不同，需要将不同种类密封胶进行搭接处理；即便是同种材料也可能出现新、旧密封胶的结合，例如工厂施工及项目现场施工的密封胶的搭接，或是同一现场但因施工进度安排的原因，出现新、旧密封胶的搭接。这种位置的粘结可靠性因新旧密封胶的组合不同而不同，具体工程实践中，应首先向密封胶生产商进行确认，如有必要可现场进行试验。实际施工时需注意以下几点。

a. 搭接部位应避开拐角，预留在变形较小的部位。

b. 注意新旧两次施工密封胶的施工顺序。

c. 搭接部位应保证足够的搭接面积。

d. 被粘结面使用相应清洁剂进行清洗或用刀具等加工出新的粘结面，如有必要被粘结面应涂刷相应的底涂。

不同种类密封胶的搭接施工参考表 4-1，并应符合以下条件：

a. 先施工的密封胶已充分固化；

b. 需搭接部位应使用溶剂清洁或切割出新的胶面；

c. 搭接施工前搭接部位需涂刷与后施工密封胶相适应的底涂；

d. 具体施工方式如图 4-4 所示。

不同种类密封胶搭接施工参考表　　　　　　　　　　表 4-1

先填充＼后填充	单组分硅酮低模量	单组分硅酮高模量	改性硅酮	聚氨酯
单组分硅酮低模量	○	○	×	×
单组分硅酮高模量	*	○	×	×
改性硅酮	*	*	△	○
聚氨酯	○	*	○	○

说明：○：可行；

　　　△：切割出新的结合面，使用专用底涂情况下，可行；

　　　×：不可行；

　　　*：需咨询密封胶生产厂家。

该表为一般情况搭接施工的可行性，实际施工中应以密封胶生产商的技术资料或实际指导为准

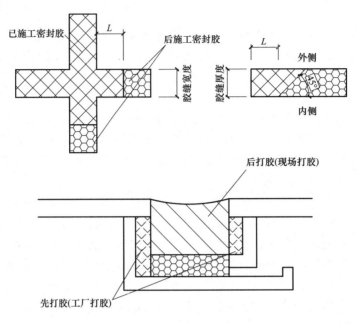

图 4-4 打胶施工方式与现场打胶示意

⑥ 材料的储存要求

材料进场后,应确认产品说明上的储存要求后设置指定的场所进行储存。由于密封胶的保质期通常是 6 个月,根据各项目现场的工期及用量,应合理安排,分批进场。底涂等有机溶剂的存储管理参考本书 4.2.4 安全措施内容。

4.1.3 机具准备

(1) 双组分专用搅拌机

双组分密封胶应使用专用搅拌机进行搅拌,可防止空气的混入。双组分搅拌机如图 4-5、图 4-6 所示。在主剂中加入固化剂和调色包,使用机器自带计时器进行 15min 的搅拌。可以通过观察胶体颜色是否均一、蝴蝶法检测来判断是否搅拌均匀。

图 4-5 双组分搅拌机

图 4-6 日式新型双组分搅拌机

（2）密封胶胶枪

使用单组分、双组分专用的胶枪，见表4-2。

胶枪种类、用途及示例　　　　　　表4-2

区别	内容	示例照片
双组分	双组分密封胶施工专用吸取式胶枪	
单组分	单组分硬包装专用打胶胶枪	
	单组分软包装专用打胶胶枪	

41

（3）刮刀、毛刷等工具

刮刀：在密封胶施工中，为了确保操作性和高效率需要使用各种类型的刮刀。刮刀需根据现场接缝尺寸及形状由施工人员自行选择。

修饰刮刀：需要配合现场的接缝宽度由施工人员在现场加工后使用。根据不同的接缝修饰要求（平滑修饰、凹面修饰等）需要使用不同的工具。

毛刷：施工前需要使用专用的毛刷对粘结面进行仔细清扫（表4-3）。确保被粘结界面的清洁干净。

工具名称、示例及适用范围　　　　　表 4-3

名称	刮刀形状示例	主要适用范围
清洁刮刀		(1)密封胶罐底余料收集、清理； (2)去除美纹纸时的辅助工具； (3)可作为备用修饰刮刀
修饰刮刀		(1)一次按压(压实密封胶)； (2)平缝二次按压修饰
按压刮条		(1)平缝二次按压修饰； (2)凹缝二次按压修饰
接缝清扫毛刷		清扫被粘结面的灰尘、颗粒等

（4）温湿度计

每天施工时，需进行上、下午各一次的温湿度确认，现场需要放置温湿度计，测量后进行准确的记录。

（5）辅材

在密封胶的施工中，会使用到各种辅材，选择辅材时也需要注意其是否适合密封胶施工使用。

辅材种类、作用及注意点   表4-4

辅助材料的种类	作用	注意点
背衬材料	确保双面粘合 调整填充深度	不与密封材料粘合且不会对密封材料造成不良影响的材料
防粘结材料	确保填充深度较小时的双面粘合	涂上底漆后可能存在部分粘合，需按材质及底漆进行确认
封口胶带	防止被粘物污染 使接缝线外观整洁	清洗溶剂、底涂等可能影响胶粘剂，使其附着在密封粘合面上引起粘合不良。此外，胶粘剂会残留在被粘物上发生污染，需注意
排水管	排出因密封出问题进入的水	确认安装位置，避免形成反向坡度（且安装了防逆流阀，避免因强风等导致水倒灌）

（6）清洗溶剂

为了确保密封材料和底涂的粘合性，使用溶剂清洗粘结面。通常使用脱脂效果较好的芳香族系有机溶剂，不同种类的溶剂可能会造成外墙涂料、塑钢类材料、丙烯酸树脂类材料的溶解、开裂，故选择溶剂时需加以注意。选择溶剂除应事先按照构成材料、底涂、密封胶的组合确认其效果及有无不良影响外，由于部分材料因溶剂种类成为受限对象，故进行充分确认非常重要。关于运输和储存，按照相关法规规定的方法处理、保管。

4.1.4 施工技术方案

主要由密封胶厂商及施工与设计单位、总包相关人员针对现场节点设计、材料选择进行技术层面的讨论，例如：节点设计是否能起到防水的作用，节点设计是否符合施工层面的可操作性，选择的材料是否符合现场接缝对密封胶的性能要求等。尽可能在现场筹备阶段提前参与，以免后期施工时才发现问题，影响密封胶施工以及项目最终的防水效果。

4.1.5 施工方案编制

施工前还应编制针对性施工方案，也是分项工程具体实施的方案，是记录详细施工方法和自主管理方法的文件。由总包与密封胶施工方关于施工计划为基础进行协商、探讨编写而成。内容需包含：总则（使用范围目的、参照文件及标准等）、工程概要、工程范围（施工接缝）、施工管理体制、使用密封胶及辅料机器等信息、施工流程、检查方法、安全管理、密封胶工程施工图等。具体请参考本书5.1.1施工管理章节的内容。

4.1.6 其他资料

其他需要的文件资料准备，如施工过程中需要留存的文档——进场验收表（表4-5）；施工日报及检查表（表4-6）；产品合格证明（图4-7）。

进场验收表 表 4-5

材料、构配件进场检验记录					资料编号		
工程名称					进场日期		年 月 日
施工单位					分包单位		
序号	名称	规格型号	进场数量	生产厂家	质量证明文件核查	外观检验结果	复验情况
1					符合 / 不符合	合格 / 不合格	不需复验 / 复验合格 / 复验不合格
2					符合 / 不符合	合格 / 不合格	不需复验 / 复验合格 / 复验不合格
3					符合 / 不符合	合格 / 不合格	不需复验 / 复验合格 / 复验不合格
4					符合 / 不符合	合格 / 不合格	不需复验 / 复验合格 / 复验不合格
5					符合 / 不符合	合格 / 不合格	不需复验 / 复验合格 / 复验不合格
6					符合 / 不符合	合格 / 不合格	不需复验 / 复验合格 / 复验不合格
7					符合 / 不符合	合格 / 不合格	不需复验 / 复验合格 / 复验不合格
8					符合 / 不符合	合格 / 不合格	不需复验 / 复验合格 / 复验不合格

施工单位检查意见：
外观及质量证明文件：　　　符合要求　　不符合要求　　日期：　　　年 月 日
需要复验项目的复验结论：　符合要求　　不符合要求　　日期：　　　年 月 日
　　　附件共（　　）页

监理单位审查意见：
　　符合要求,同意使用　　　不符合要求,退场　　日期：　　　年 月 日

签字栏	施工单位材料验收负责人	分包单位材料验收负责人	专业监理工程师
制表日期		年 月 日	

注：1. 本表由施工单位填写。
　　2. 本表由专业监理工程师签字批准后代替材料进场报验表。
　　3. 材料进场应按专业验收规范的规定进行检验,本表可代替材料进场检验批验收记录。

施工日报及检查表　　　　　　　　　　　　表 4-6

施工日报及检查表

	编号	
	施工员	质检员

项目名称：

施工单位		施工员		施工日期		年　月　日
施工人员						
施工时间	时　分 ～　时　分			加班		时
天气	10：00	晴・阴・雨	气温		湿度	％
	15：00	晴・阴・雨	气温		湿度	％

密封胶	底涂	施工部位	施工楼层	施工人员
生产批号	生产批号		～	
生产批号	生产批号		～	
生产批号	生产批号		～	
生产批号	生产批号		～	
生产批号	生产批号		～	

备注

检查流程	检查项目	检查标准	检查结果
气象情况	温度和湿度	气温 5℃以上、湿度 85％以下	符合・不符合
材料检查	生产日期	保质期范围内	符合・不符合
基层条件检查	被粘结面施工时间	混凝土浇筑后 1 个月、降雨后 12h，金属面降雨后 6h	符合・不符合
基层清扫检查	清洁情况	按施工方案要求	符合・不符合
背衬材料施工	背衬材料位置	设计位置偏差范围 -2～3mm	符合・不符合
美纹纸施工	张贴位置	偏差范围　内侧 0mm，外侧：2mm	符合・不符合
底涂施工	施工间隔时间	60※（　　）min≤t≤8h	符合・不符合
密封胶搅拌	搅拌时间	10min≤t≤15min	符合・不符合
去除美纹纸	有无残留	已施工部位无残留	符合・不符合
密封胶表观质量	表观质量	无气泡、毛刺等表观质量缺陷	符合・不符合
密封胶开放时间	开放时间	2h 以内	符合・不符合

※底涂可用时间根据生产厂商要求确定。

注：摘自日本 JIS A 5758。

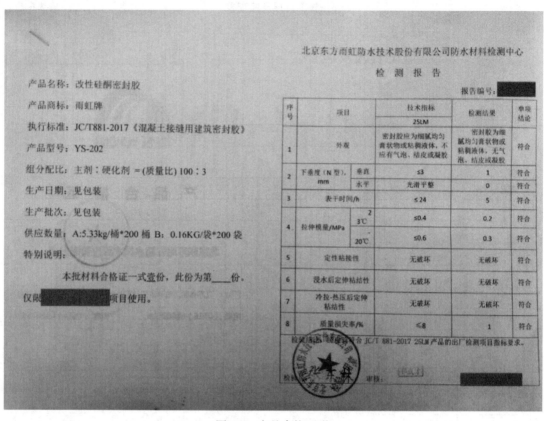

图 4-7　产品合格证明

4.2　施工环境条件

4.2.1　基层条件

混凝土接缝应平整、干燥、无缺损，由现场工程师组织相关各方进行交接检，如发现基层有缺损或其他有碍施工的情况，需进行记录，并按合同要求安排修补，以确保符合设计所要求的粘结面。预制混凝土外观检查内容，见表 4-7。

预制混凝土外观检查表　　　　　　　　　　　　　　　　　　表 4-7

检查时间	检查数量	检查项目	不良情况的处理
PC 工厂出货前	全数	混凝土有无缺损； 有无浮浆； 有无裂缝(裂纹)； 有无脏污	根据确定好的修补方法、顺序进行修补； 修补后，再次检查确认合格后再出货
现场接收时	全数		根据不良的程度，退回工厂返工； 修补后，再次检查确认合格后再使用
完工后		混凝土有无缺损； 接缝宽度是否足够； 接缝有无被堵塞	由构件施工方进行修补，总包或设计进行确认； 由构件施工方进行再调整，总包或设计进行确认

日本混凝土基面缺损时的修补方法如表 4-8 所示，仅供参考。

混凝土基面修补示意图   表 4-8

损伤	修补简略图	修补方法等
10mm 以下	修补材料	(1)使用聚合物水泥砂浆，或轻量树脂砂浆进行修补； (2)轻量树脂砂浆需要使用底涂(通用)； (3)修补后，可使用聚合物水泥类涂膜防水材料涂布在修补部位，提升防水机能(通用)
10～30mm	全螺丝不锈钢柱 不锈钢线	(1)10mm 以上缺损的修补，需要考虑修补材料脱落时的防坠落处理(通用)； (2)作业顺序 ①在 PC 板上使用刚钻打孔，插入全螺丝不锈钢柱，使用环氧树脂固定； ②将不锈钢丝缠绕在不锈钢柱上； ③使用聚合物水泥砂浆或者轻量树脂砂浆进行填充，注意不能留有缝隙
30mm 以上	钢筋 不锈钢网	作业顺序 ①钢筋有外露的情况下，需要去除锈迹，使用防锈涂料等进行防锈处理(未外露的情况下，开孔后插入全螺丝不锈钢柱)； ②将不锈钢网固定在钢筋或全螺丝不锈钢柱上； ③使用轻量树脂砂浆进行填充，注意不能留有缝隙

4.2.2 验收交接

在密封胶施工前需对接缝的宽度及深度进行验收。

预制混凝土运输及组装时应遵从表 4-7 基层条件中关于混凝土外观检查的要求，对预制混凝土进行外观检查。如果密封胶粘结面有缺损或不良的情况，需进行事先修补，以确保符合设计所要求的粘结面。修补方法参考表 4-7 中的方法。预制混凝土施工人员需使用设计规定的预制混凝土板进行组装。之后，密封胶施工人员需要在密封胶施工可行的状况下，在密封胶施工前进行接缝宽度及被粘结面状态的确认。如果无法确保合理的接缝宽度及接缝状态，需要与总包、监理人员协商，对接缝进行修改，确保可进行施工。

4.2.3 气候环境条件

（1）降雨、降雪及大风天气严禁施工，基层潮湿情况下不得施工。

（2）基层被水浸湿后，再次施工密封胶前，应检查基层含水情况。可使用密封胶专用美纹纸粘贴基面层进行检查（可粘结，无脱落）后再进行施工。

（3）遇气温低于 5℃、相对湿度超过 80%，或其他不利于密封胶施工情况时，应制定相应保证措施，并经现场工程师确认后方可施工。

4.2.4　安全措施

（1）溶剂等的使用及储存注意事项

① 关于有机溶剂

有机溶剂是指常温常压状态下液体状、具有溶解物质性质的有机化合物，一般较易蒸发。需要遵守国家或地方相关规定进行操作（例如《化学品分类和标签规范》GB 30000、《化学品分类和危险性公示　通则》GB 13690、《危险货物分类定级基本程序》GB 21175、《建筑设计防火规范》GB 50016、《化学试剂　pH 值测定通则》GB/T 9724 等）。

② 有机溶剂的有毒性

有机溶剂通过液体或蒸汽的形式会粘附到皮肤或黏膜上，通过呼吸进入气管或吸入肺部被人体吸收。有机溶剂的性质一般来说广为熟知的是挥发性和脂溶性，发生中毒的情况下，由于其脂溶性，对于神经组织有亲和力，在高浓度的情况下控制中枢神经。另外，作为局部作用，粘附到皮肤会引发水泡、开裂等情况。

③ 有机溶剂操作上的注意点

在密封胶施工中，往往不得不使用有机溶剂作为底涂或清扫溶剂。因此，为了防止有机溶剂损害操作人员的健康，应做好相应的劳动保护。

④ 底涂或清扫溶剂等有机溶剂操作上的注意点

操作底涂或清扫溶剂等有机溶剂时，需注意以下事项：有机溶剂的容器在非使用时盖子需紧闭；只将当天作业需要的量带入作业现场；使用量分装后再使用；操作时注意不要从容器中洒出；不要将容易吸收有机溶剂的棉布等放置于有盖子的容器中；要在通风的场所使用有机溶剂；使用有机溶剂等进行清洗作业时，需要使用保护手套等必要的护具；底涂或有机溶剂操作前需确认相关注意事项。

⑤ 有机溶剂的储存

有机溶剂等在屋内储存时，需使用无洒出、泄漏、渗出、发散等隐患的盖子或塞子的坚固容器，保管在符合法律规定的场所。

（2）危化品的安全管理

作为底涂的溶媒或清扫溶剂使用的有机溶剂，其易挥发的蒸汽具有引火风险。另外，溶剂中的蒸汽和空气混合达到一定比例时会变为爆发性瓦斯。有机溶剂的蒸汽一般分子量较大，比重大，易滞留，难扩散。大部分有机溶剂比水的比重小，由于不溶于水会浮在水面上大面积扩散，有时会导致在意想不到的地方发生火灾。因此，使用有机溶剂时，需在作业场所准备适用于有机溶剂消解的粉末灭火器或泡沫灭火器。

（3）急救措施

① 急救处置：不要随便移动受灾人员，即使没有意识也不要激烈地摇晃对方。

急救处置只是应急处置并不是治疗，不能延误就医，不能仅以急救处置了事。

急救处置的优先顺序是：心脏按压，人工呼吸，动脉出血的止血，大面积烫伤、休克、骨折、伤口处理。

② 煤气中毒：作业中如果闻到溶剂的异味而感到不舒服的话应立即停止作业，躲避到通风处。

③ 急性中毒：需要与煤气中毒采取基本相同的做法。如作业服沾污到药水应使用夹

子将衣服剪开，清洗身体再用毯子等包裹好后联络医生。

④ 溶剂不慎入眼的情况：立即用清水清洗 2～3min。使用大的容器倒入水后，将脸浸入在水中眨眼也是不错的方法。症状严重时应接受专业医师的治疗。

（4）护具

为使护具能得到有效利用，应遵循以下事项：选择适用于作业的护具；准备必需的份数；彻底贯彻护具的管理和保养；事先详细地告知正确使用方法。

（5）安全带

① 安全带的种类

背带型：背带型安全带是由肩部安全带、腿部安全带等支撑整个身体的构造类型。典型示例如图 4-8 所示，仅供参考。

图 4-8　背带型安全带的示例

腰部型安全带：腰部型安全带主要由腰部安全带及皮带扣 D 环构成。典型示例如图 4-9 所示，仅供参考。

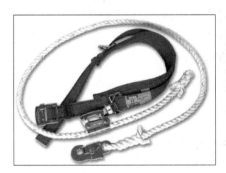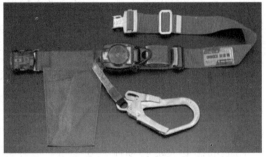

图 4-9　腰部型安全带的示例

② 安全带的穿着及注意事项

使用前必须阅读产品说明书，检查各个部位是否有异常。只要有一项符合废弃标准就应当放弃使用；由于负重过大曾发生坠落事故的应废弃；安全带不能被扭转。

a. 背带型安全带的穿着：背带型安全带的穿着顺序如图 4-10 所示。

b. 腰部型安全带的穿着：滑动型皮带扣的连接方法。

将安全带的前端穿入皮带扣的背面印有"⇧ 1"的地方，紧接着穿过正面印有"⇧ 2"

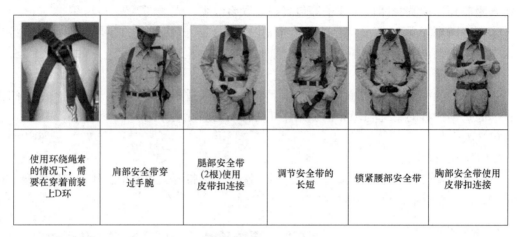

使用环绕绳索的情况下，需要在穿着前装上D环	肩部安全带穿过手腕	腿部安全带(2根)使用皮带扣连接	调节安全带的长短	锁紧腰部安全带	胸部安全带使用皮带扣连接

图 4-10　背带型安全带穿着顺序

的地方，最后穿过皮带扣尾部的安全带。

腰部安全带的固定位置：最大臀围以上，靠近盆骨（图 4-11）。

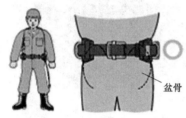

图 4-11　腰部安全带的固定位置

（6）安全帽

高空作业中掉落时起到保护作用的安全帽（帽体内部配备发泡苯乙烯具有吸收冲击力的内衬）。另外，根据帽体（安全帽的本体构件）各材质不同的特性，需要选择符合作业要求所对应种类的安全帽；调节安全帽头部背面的安全带的长短，紧系下颚处的绳子，防止在作业中有松动。

（7）高空吊篮作业及注意事项

① 设置场所的事先调查

设置吊篮计划时需要注意：确保充足支撑升降箱本体的重量和负重重量；确保从吊装的点到升降箱的吊装钢丝绳安装妥当；作业员、行人的安全确保和环境对策；吊篮灾害在很大程度上都可以通过事先深入调查作业环境来进行防范的。

② 使用注意事项：

a. 负荷重量不能超过吊篮的承载重量。

b. 不要在吊篮的地板上使用脚凳、梯子等。

c. 吊篮的操作人员，不能在吊篮使用过程中离开操作位置。

d. 吊篮的作业人员必须佩戴安全带、安全帽、救生索等。

e. 吊篮作业的下方场地上需设置禁止进入的相关措施。

f. 强风、大雨、大雪等恶劣天气时不能进行作业。

g. 出于安全考虑，作业进行的场所需要保持必要的光照度。

注：恶劣天气：强风是指 10min 内的平均风速在 10m/s 以上；大雨是指一场雨的降雨量在 25mm 以上；大雪是指一场雪的降雨量在 5.0cm 以上。

③ 安全检查

每天施工前检查：使用吊篮进行作业时，当天作业开始前必须进行作业开始前的检查。

定期检查：使用期间吊篮必须进行一个月一次的定期检查。但是，如果超过 1 个月未使用，重新使用前应进行检查。

4.3 施工工艺流程

4.3.1 施工工艺流程图

如图 4-12 所示。

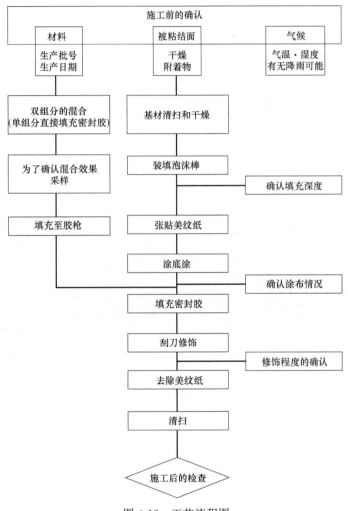

图 4-12 工艺流程图

4.3.2 标准化作业流程

基层验收交接→接缝处理→外墙找平→批刮腻子→接缝清理→填充 PE 泡沫棒→张贴美纹纸→涂刷底涂→注胶施工→压胶刮胶→表面修饰→撕除美纹纸→胶体养护→验收。

4.4 施工方法

4.4.1 施工前确认事项

（1）施工前需检查密封胶填充位置的接缝形状尺寸及脏污等情况，察觉有障碍时，施工人员与总包协商并取得监理人员的指示后再进行施工。施工当日还需进行最终确认。发现的问题需要在施工开始前妥善解决。

（2）对于施工需要使用的材料，需确认材料的批号、生产日期等。

（3）办理基层验收交接手续及打胶令。

4.4.2 清洁基层

对于被粘结面上阻碍密封胶粘结的因素，如油分、灰尘、砂浆颗粒等需去除，使用蘸有清扫溶剂的抹布进行清扫。抹布需及时更换，以利于提高清扫的效果。金属构件需针对其不同的表面采用不同的处理方式，再用抹布进行清扫（图 4-13）。

4.4.3 填塞背衬材料

背衬材料需考虑到接缝尺寸的误差提前准备，装填时不得使用尖锐工具，不得扭曲、拉伸，还需注意交叉部位，要装填至规定位置（图 4-14）。

图 4-13　清扫被粘结面

图 4-14　填充背衬材料

4.4.4 张贴美纹纸

（1）为了防止污染接缝周边，同时使密封胶打胶及修饰时更顺畅，需张贴美纹纸。

（2）美纹纸张贴只针对当天施工的部分。

（3）张贴后如长时间放置会导致胶层附着于被粘结基层难以去除，因此打胶完毕后应快速去除。美纹纸张贴如图 4-15 所示。

（4）美纹纸的粘结层不能被底涂破坏。

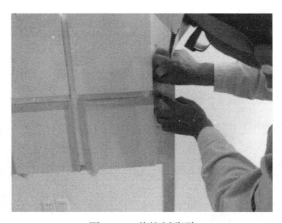

图 4-15　美纹纸张贴

4.4.5　涂刷底涂

（1）选择适合被粘结体的底涂，需少量分装后均匀地、不留涂刷痕迹。底涂不允许涂刷多于当天施工的部分。

（2）涂刷底涂后的表面如遇到降雨降雪被打湿后，等待被粘结面干燥，使用蘸了清扫溶剂的抹布清扫后，再次涂刷底涂（图 4-16）。

（3）万一底涂涂刷面的作业在当天没有完成，第二天需按步骤（2）再次涂刷。

（4）底涂使用应注意：分装成小份所需量，超过有效期或已经固化、有白浊的产品不得使用；选择适合接缝大小的毛刷，涂刷应均匀，不得涂刷出被粘结基层。毛刷使用后需用清扫溶剂清洗干净；被粘结面如果由不同材料组成，需选择相应底涂分别进行涂刷；应注意涂刷的先后顺序；底涂的干燥时间一般在30min 到 1h，根据底涂的种类或者温度会有变化；底涂需完全干燥后再施工密封胶；底涂的容器除了使用时应保持关闭密封，防止溶剂的挥发以及水或异物的混入，特别需要注意防火保存。

图 4-16　涂刷底涂

（5）底涂注意事项：不得使用不同厂家产品，其他厂家的底涂可能导致开裂、界面溶解，被粘结体被溶化，损害工程质量；未使用底涂可能导致粘结失效的情况；使用旧的底涂，可能因底涂失效导致粘结失败；使用旧的毛刷，不能保证底涂均匀涂布；挤出飞散则可能导致饰面层出现变色。

4.4.6　双组分密封胶搅拌

（1）密封胶主剂和固化剂确认配对正确后，根据规定的比例进行混合搅拌。

（2）密封胶的搅拌使用自动反转式或自动混合机。自动反转式搅拌机的搅拌时间最短需要 10～15min 以上（图 4-17）。

4.4.7　胶枪吸胶

胶枪吸胶时注意不要让密封胶混入气泡。另外，对于罐内残留的少量密封胶，使用刮刀等填充至胶枪可避免气泡产生，如图 4-18 所示。

图 4-17　双组分密封胶搅拌

图 4-18　吸胶入枪

4.4.8　打胶施工

（1）底涂涂布施工后，准确地装上胶嘴，使用胶枪从接缝的底部开始将密封胶进行填充。将胶嘴轻轻放于接缝底部，注意不要进入空气。移动胶嘴的前端部分，有节奏地按压手柄。

（2）两次打胶连接部位，应避开接缝交叉部位及转角部位（图 4-19）。

4.4.9　刮刀修饰

（1）修饰时用刮刀（调色刀或聚乙烯类工具等）制作成适合接缝的形状，用力反复按压数次进行完工修饰。

（2）刮刀制作时需准确地按照接缝来制作，以达到力的均匀传递，注意密封胶表面不能有起伏、气泡等，确认后进行平滑的完工修饰（图 4-20）。

图 4-19　打胶施工

图 4-20　刮刀修饰

4.4.10 去除美纹纸

刮刀完工修饰后，应快速去除美纹纸（图4-21）。

4.4.11 工完场清

预制构件等被污染部分应及时清扫，可使用蘸有溶剂的棉布进行清扫，但硅酮类密封胶应待其固化后再去除。选择清洁溶剂时，不得对预制构件或后期施工的构造层次产生影响（图4-22）。

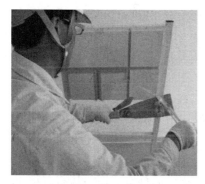

图4-21 撕除美纹纸

图4-22 收工清理

4.5 设置排水管

排水管的设计需在设计阶段就进行考虑，确保其内部是一个完整的止水体系，确保将渗漏进去的水排出，提高防水等级。需要注意的是，如内部无完整止水体系，不恰当地安装排水管可能会导致将外部的水引进内部，最后导致漏水。在排水管材质的选择上，应选用与密封胶相容的材质，如选择不当可能会引起密封胶的变色等问题。设置时无需与密封胶粘结。日本排水管设置如图4-23所示。

图4-23 排水管设置示意图

第**5**章

装配式混凝土建筑密封防水施工管理

5.1 密封胶施工的项目管理

5.1.1 施工准备

一般来说，密封胶施工处于整个项目的后期阶段，由于前道工序的施工问题或误差累积，导致密封胶施工常处于不利条件。这种情况易导致接缝处防水性能下降，增加工程的渗漏风险。因此，为保证外墙防水密封施工的质量，必须保证合理的接缝设计以及相对良好的施工环境，为了达到这些条件需要在施工前做好相应的预案，严格执行三检制，做好施工前的界面交接检验等工作，工程施工出现问题时，应及时沟通并制定解决方案，以确保外墙防水密封工程的质量。

（1）分析阻碍粘结的因素及对策

对密封胶防水来说，被粘结面与密封胶的粘结性能尤为重要，因此需要在设计阶段，将接缝的构成材料（被粘结面）和密封胶进行组合，分析各构成材料所对应的阻碍粘结的因素，通过以往的工程案例或粘结性测试结果，判定该构成材料和密封胶的组合是否有问题（图5-1）。

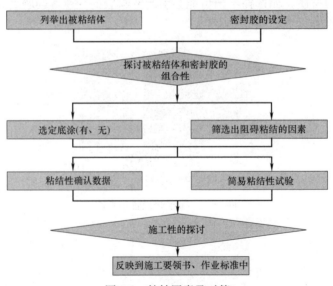

图 5-1 粘结因素及对策

被粘结基层多以预制或现浇混凝土、金属、水泥砂浆等为主，这些材质的表面可能有各种涂层，其阻碍粘结的因素及其解决方案见表5-1。

影响粘结的因素及解决方案　　　　　　　　　　　　表 5-1

阻碍粘结的因素		解决方案
水分	基材制作时及制作后的自由水、雨水、露水	加强管理，在基层干燥情况下施工
附着物	油分；隔离剂；各种助剂残留	使用砂纸、打磨机、溶剂等进行清扫
软弱层	浮浆；低强度材料	易除软弱层次； 选择低模量的密封胶
有机溶剂	橡胶、塑料的溶解、溶胀	选择与基材相容的清洁溶剂或底涂
接缝设计	粘结面积小； 不同种类被粘结材料难以使用不同底涂； 固化过程中位移较大	优化节点设计； 合理安排施工时间，避免固化过程中出现较大位移

（2）施工难易度

密封防水是在底涂涂布、密封胶填充、刮刀按压等作业按工艺要求严格施工，方能发挥其防水功能。在进行密封设计时，需考虑施工的可行性，有无阻碍施工的因素等。特别是交叉部位的接缝和边角部位的接缝等。此外，还需考虑是否能保证施工操作面，操作面是否安全，是否存在交叉作业等情况。

5.1.2　施工方案

施工方案是根据合同模式不同可分为总承包单位编制的施工方案和由专业分包公司独立承包项目编制的施工方案，施工方案是将图纸转化为工程实体的实施性文件，工程具体的施工方式、选用材料、设计节点等均应在方案中体现，内容上需要明确记录每次施工时各工程名，以及各施工方法、质量管理、检查方法。日本的施工方案目录如图5-2所示。

图 5-2　施工方案目录

5.1.3 施工管理

施工管理项目如表 5-2 所示。

施工管理项目　　　　　　　　　　　表 5-2

工序	管理项目
节点设计	接缝形状、尺寸； 根据接缝处预计会发生的位移，设定符合密封胶设计伸缩率及剪切变形率的接缝形状、尺寸； 确定排水的构造(施工难易度、其他)
选定材料	选定密封胶和底涂； 选定辅材、背衬材料、美纹纸、清洁溶剂等
制作施工方案	施工方案
施工前确认	确认施工部位； 确认接缝形状、尺寸或高低差异； 确认被粘结体的材质； 有无缺陷和补修； 确认涂装、混凝土、砂浆片等的养成期间； 确定是否开工(确认气象条件)
材料接收和保管	确认材料及辅材； 密封胶、底涂的种类、生产日期、批号编号； 副资材的材质、形状、尺寸、种类、保管
清扫被粘结体	确认清扫方法适用于被粘结面； 清扫锈迹、油分、灰尘、砂浆片碎屑、涂料等妨碍粘结的物质； 被粘结面的干燥
背衬材料	装填时注意接缝深度达到指定尺寸； 装填背衬材料时的关注点
张贴美纹纸	确认张贴美纹纸的位置； 无胶粘剂残留； 使用底涂溶剂
涂底涂	确认底涂的种类适用于被粘结体； 确认有效时间
密封胶混合	密封胶搅拌方法的关注点和专用的搅拌器
胶枪填充	注意防止吸入气泡
抽样	确认固化状态
打胶	选定胶嘴； 从接缝的交叉部位开始填充、中途停顿需避开交叉部位； 给予被粘结面充分的压力，为了充分填充至接缝底部需考虑胶嘴角度及填充速度
刮刀完工修饰	根据接缝制作完工用工具； 使用刮刀充分压实后平滑修饰
去美纹纸	注意不污染周围，为了防止胶带的粘结剂移动，完工后应迅速去除
施工后的清扫	接缝周围的清扫应选定不伤害被粘结体表面的溶剂
作业日报	工程记录
养护	固化前担心有人为破坏美观的部位，可向负责人提出养护申请
检查	检查方法(目视或通过手指触碰确认粘结及固化状态)
综合检查	综合检查

5.1.4 施工检查

（1）材料进场检验

施工前可进行简易粘结性试验，以测试接缝构成材料（被粘结面）和密封胶的粘结性能。测验方法：在实际被粘结面同材质的物体上涂刷底涂、填充密封胶，固化后用手拉伸进行简易粘结性测试。可在实际建筑物的外墙进行试验，也可制作以下模块模仿建筑物外墙进行测试（图 5-3）。

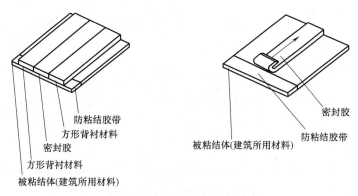

图 5-3 简易粘结性测试

在充分固化后，按 180°拉伸密封胶，结果为内聚破坏或薄层内聚破坏时，可判断其粘结性良好。

（2）过程检查

施工时将施工过程整理为施工日志，同时填写施工验收记录，检查后留档保存，以便发生质量问题时进行追踪。施工日报及检查表参本书表 4-6。

（3）外观检查（施工后）

密封胶施工的外观检查内容见表 5-3；密封胶完工良好情况示例见表 5-4；密封胶表观质量问题示例见表 5-5。

密封胶施工外观检查 表 5-3

检查时间	检查数量	检查项目		不良情况的处置
施工过程中（施工中、当天施工完成后）	全数	收面状态	①坑坑洼洼；②气泡；③刮痕；④不平整；⑤空隙；⑥褶被；⑦毛刺；⑧中断变细；⑨凹凸；⑩其他	与总包、监理协商（根据不同程度进行部分修补，切除后再施工）
完工检查（竣工检查）	抽检	有无剥离		(1)有剥离的情况下，需扩大检查范围；(2)找出剥离原因，切除后再施工
		收面状态（上述①~⑩）		与总包、监理协商（根据不同程度进行部分修补，切除后再施工）

密封胶完工良好情况示例 表 5-4

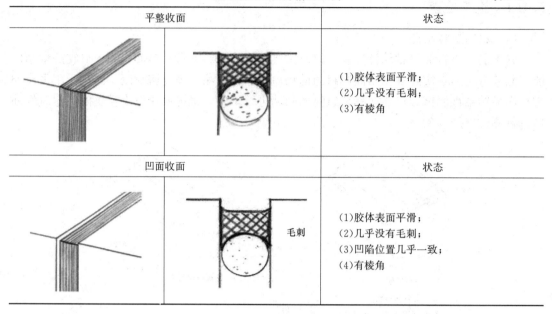

平整收面	状态
	(1)胶体表面平滑； (2)几乎没有毛刺； (3)有棱角
凹面收面	状态
	(1)胶体表面平滑； (2)几乎没有毛刺； (3)凹陷位置几乎一致； (4)有棱角

密封胶表观质量问题情况示例 表 5-5

坑坑洼洼 （材料中的空气造成）	气泡 （刮刀、缝隙等造成）	刮痕 （收尾不良造成）

不平整	空隙（美纹纸位置、收尾不良造成）	褶被 （固化时的移动造成）
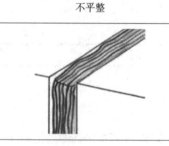	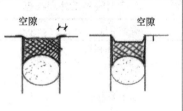	
毛刺（美纹纸粘连）	中断变细（收尾不良造成）	凹凸、胶体挤出（瓷砖接缝等）
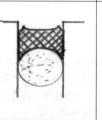	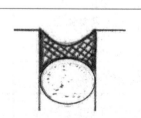	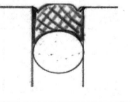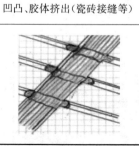

（4）现场质量检查

为了确认实际接缝中所施工的密封胶的粘结性，在密封胶完全充分固化后，可以用手指触碰或者进行拉伸试验（两面粘结）来进行检测。进行拉伸试验时，由于断面破坏造成的问题要及时进行处理。固化时间夏季一般为7d，冬季为14d，但具体施工环境会导致密封胶的粘结性发生变化，检测前应根据现场实际情况来确定检测时间。

① 指触粘合性验证试验

如图5-4所示，使用木制抹刀或手指等强力按压密封材料和被粘物的粘合面附近。查看粘结界面的粘结情况，如果没有发生粘合破坏（AF），可判断粘合性良好（图5-4）。

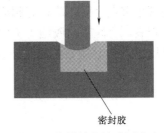

密封胶

图5-4 指触粘合性验证试验

② 线状粘合性试验

使用刀具切断密封材料后划出标线。用手拉伸线状密封材料至可判断程度。拉伸方向为90°，对破裂开始时的标线间距 l 进行测量后，观察破裂情况（图5-5）。

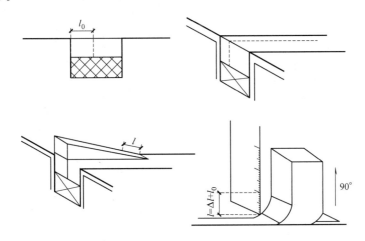

图5-5 线状粘合性试验

拉伸 ε（％）计算：

$$\varepsilon = \frac{l - l_0}{l_0} \times 100\%$$

$$= \frac{\Delta l}{l_0} \times 100\%$$

内聚破坏（CF）：密封材料内部破坏；

薄层内聚破坏（TCF）：背粘面残留有密封材料薄层的破坏；

界面破坏（AF）：粘合界面的破坏，也称为界面剥离。

判定粘合性是否良好：内聚破坏或薄层内聚破坏中，破坏时的拉伸程度如果高于密封材料生产商设定的"拉伸试验的标准值"则判断为粘合性良好。此外，如果密封材料超过密封材料生产商的标准值仍然没有破裂或断裂，为防止危险可中止拉伸。该阶段如果没有发生界面剥离即可判断为粘合性良好。

5.2　密封胶施工管理参考样表

作为一线作业人员和项目管理人员，在理解密封胶施工全程的各项工作要求，以及明确管理重点之后，应该有相应的书面记录。本书附录 C 附有装配式建筑密封胶施工顺序检查表，反映密封胶施工工序和关注点，以及检查频次和检查基准，可供一线作业时参考使用。附录 D 附有装配式建筑密封胶施工品质管理记录表，供项目管理人员参考使用。

第**6**章

装配式混凝土建筑密封防水验收

6.1 材料进场验收

6.1.1 材料进场资料

装配式混凝土建筑的密封防水材料的进场验收工作可分为主材与辅材两个部分。对于接缝密封型防水主材部分一般是指密封胶类别的材料，主要包括：硅酮密封胶、改性硅酮密封胶、聚氨酯密封胶等类别，辅材部分主要是作为密封防水施工或者构造要求的材料形式，主要包括：底涂液、衬垫材料、气密条、胶粘剂等材料。

密封胶主材的进场验收资料质量证明文件一般包括：报告产品合格证、出厂检验报告、有效期内的型式检验报告，其中对于密封胶型式检验报告的有效期一般不超过一年。对于底涂液、衬垫材料等辅材部分的进场资料应提供产品出厂合格证等质量保证资料。材料进场验收合格后方可入库（图 6-1）。

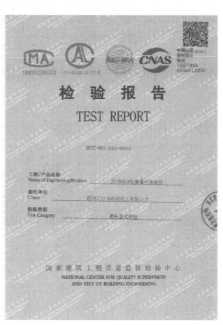

图 6-1 产品合格证及出厂检测报告

63

出厂检验报告是由生产厂家根据每批密封胶产品进行的出厂检验，一般应包含下列检验项目：外观、下垂度（或平流性）、表干时间、挤出性（单组分）或适用期（双组分）、拉伸模量、定伸粘结性。

型式检验报告同样也是由生产厂家提供，一般情况在正常生产条件下，每半年进行一次同类型材料的型式检验。型式检验报告的主要内容一般包括：外观、理化性能、密封胶与连接附件的相容性报告、23℃时伸长率为10%、20%及40%时的模量（图6-2）。

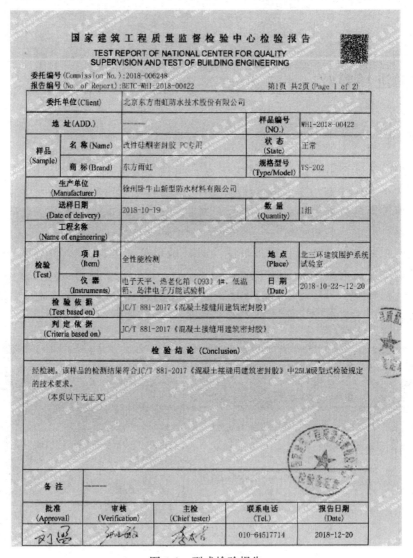

图6-2　型式检验报告

6.1.2　进场检验批

密封胶检验批的划分对于装配式建筑中的接缝密封防水施工主要可参考《混凝土接缝用建筑密封胶》JC/T 881—2017 的要求执行。同一类型、同一级别的产品按照 5t 为一批，不足 5t 也作为一批。在一些项目中也可根据实际工程质量控制措施降低检验批划分标准，增加检验批的数量，也可以按照对于连续生产的同批次密封胶每 3t 为一批，不足 3t 也作为一批；间断生产时，每釜投料为一个检验批。

产品抽样采取随机取样的要求，对于单双组分密封胶产品特征的差异性其抽样方式也有所不同。对于单组分产品从该批次产品中随机抽取 3 件包装箱，从每件包装箱中随机抽取 4 支样品，共计 12 支；对于多组分产品按配比随机抽取样品，共抽取 6kg，取样后应立即密封包装。对于双组分密封胶取样样品均是在各组分配比混合前取样。取样样品，应将样品均分为两份。一份检验，另一份备用。

6.1.3 运输贮存条件

装配式建筑外墙接缝密封胶一般为非易燃易爆材料，正常可按一般非危险品运输。产品采用支装或桶装，包容器应密闭严实。在贮存运输过程中应防晒、防潮、防撞击。应贮存在干燥、通风、阴凉的场所。在有条件的情况下贮存温度不宜超过 27℃。贮存的时间除了需要考虑产品本身的质保时间以外，同时要考虑对于实际项目的施工进度计划安排，在贮存条件满足要求的前提下一般需要满足产品自生产之日起，保质期不少于 6 个月的时间要求。

底涂液通常化学活性极强，属于易燃液体，具有一定的危险性，应采取相应的安全防护措施。运输及存储底涂液必须阴凉密封存放，不能与水及空气接触。若底涂液中出现沉淀物，说明底涂液已经失效，不能再继续使用。

6.2 密封胶施工验收

装配式建筑中的接缝防水密封施工中应根据要求对施工过程进行跟踪控制。在对外墙的接缝防水施工操作中完成外墙防水施工质量验收记录文件。验收记录的主要内容可包括主控项目和一般项目。

6.2.1 主控项目

主控项目应按照过程控制、结果导向的原则对装配式建筑接缝密封防水施工过程进行工序监督、管控。

检查数量：

（1）对于设计、材料、工艺及施工条件相同的外墙（含窗）工程，每 1000m² 且不超过一个楼层为一个检验批，不足 1000m² 也应单独划分为一个检验批；每个检验批每 100m² 应至少检查一处，每处不得少于 10m 且至少包含一个十字接缝部位。

（2）同一单位工程中不连续的外墙工程应单独划分检验批。

（3）对于异形或有特殊要求的墙板，检验批的划分宜根据外墙的结构、特点、规模，由监理单位、建设单位和施工单位协商确定。

检查方法：现场淋水试验。

6.2.2 一般项目

一般项目的检查类型主要针对混凝土接缝施工的过程控制及检查要求，主要包括两个部分：一部分是对于接缝尺寸的检查，另一部分是针对打胶施工过程的工艺检查。检查数量：对于墙和板类的接缝位置处的尺寸偏差应按照楼层、结构缝或施工段划分检验批，统一检验批内，应按照有代表性的自然间的 10%，且不少于 3 间；对于大空间结构中的墙和板的检验批划分，墙可按相邻轴线间高度 5m 左右划分检查面，板可按纵、横轴线划分检查面，抽查 10%，且均不小于 3 面。

装配式建筑防水密封施工工序一般包括：检查接缝宽度及深度，清理接缝位置内、外基面，嵌填背衬垫材，张贴美纹纸，涂刷底涂液，配制多组分密封胶，嵌填密封胶，压实，刮平，胶缝整形，处理、去除美纹纸，清理多余密封胶。

装配式混凝土建筑接缝密封防水在施工过程中应对下列部位及内容进行隐蔽验收及工序的检验，在过程中应做好详细的文字记录。具体包括：

（1）预制构件接缝尺寸：决定了打胶质量及防水密封效果。一般根据工程施工要求，构件接缝宽度偏差不应超过设计要求 ±10mm，且构件接缝宽度实测值不应小于 15mm。考虑密封胶流动性的因素，一般最大缝宽不超过 35mm，当接缝宽度超过 30mm 时应分两次进行打胶。接缝的平面错缝高度差不应大于 ±3mm，接缝的深度应根据设计构造形式预留好接缝空腔内的背衬材料及打胶厚度的尺寸空间。

（2）基面部位及接缝内的表面清理：其目的一方面是保证预留空腔的通畅性，另一方面为了更好地与密封胶体粘结牢固。在施工过程中一般需要用铲刀或砂轮机进行剔凿、打磨，然后利用鼓风机将杂物从侧面吹出。

（3）背衬材料的设置：接缝空腔清理完毕后需要根据设计要求嵌填背衬材料，背衬材料一般是柔软密闭的圆形或方形 PE 条棒。为了达到衬垫、压紧的目的，一般宽度或直径不小于缝宽的 1.3～1.5 倍，密度不宜大于 $37kg/m^3$，通过控制背衬材料距离接缝外侧的深度尺寸来间接控制打胶的深度。一般设计胶缝厚度要求是根据胶体的老化情况计算得出，通常情况下要求胶的最小厚度不应小于 8mm，且不宜小于缝宽的一半。

（4）底涂液涂刷处理：底涂液的涂刷是密封胶与基材粘结性能及相容性的保证。通过产品所配套的底涂液使得原来凹凸不平的预制混凝土构件表面形成一层均匀致密的涂层，以与密封胶粘结牢靠。

（5）排气水管的设置：排气水管主要存在于一些带有高低企口的防水节点中，是针对"防排结合"的防水设计思路而设置的措施。考虑到后期外侧的材料防水失效，为了将水有效排出，减少水在接缝位置处的积存时间，一般可根据防水间层的间距，每隔若干层在竖向通长接缝位置处设置一道，间隔层数不宜超过 3 层。为了避免出现因为排气水管的堵塞发生竖向空腔内产生较大的积水水压，一般将排水管设置在水平缝的下侧位置。

（6）十字接缝的工序：十字接缝位置处一般包括在平十字缝、阴角十字缝、阳角十字缝这三种类型，因十字缝的存在，其水平缝与竖向缝都无法保持连续打胶。当进行一个方向的连续打胶作业时，需在十字交接位置处稍作停顿，使得密封胶可以向两侧均匀地溢出，以此来保证接缝位置处胶体饱满，且另外两侧的接头质量可靠。在十字接缝的背面内侧应考虑各方向宽度不小于 300mm 进行密封处理。

6.2.3 检验方法

淋水试验要求：对于预制外墙接缝淋水试验检验标准宜依据现行行业标准《建筑防水

工程现场检测技术规范》JGJ/T 299，淋水管线内径宜为 20±5mm，管线上淋水孔的直径宜为 3mm，孔距离为 180～220mm，离墙距离不宜大于 150mm，淋水水压不应低于 0.3MPa，并应能在待测区域表面形成均匀水幕。淋水试验应自上而下进行，淋水孔布置宜正对水平接缝。持续淋水时间不应少于 30min。

双组分胶配制及均匀性检查：双组分均匀性检查主要是对胶体、固化剂及色料包三部分的均匀性进行检查，以此保证双组分密封胶的胶体质量及理化性能。双组分胶在搅拌过程中应严格按照操作顺序及操作工艺要求进行，控制好搅拌时间、搅拌方式、排气措施及残余胶体的回收利用。检查方法在实际操作中对于按照要求配置搅拌完毕后的胶体采用"蝴蝶试验"的方式。具体做法一般采用表面干净无杂质的纸张在其中间进行施胶，进行对折后展开。展开后对于胶体的颜色、表面均匀性、有无气泡进行直接观察。

粘结性检查：这是一项相比较重要且复杂的检查内容，主要包括：定伸粘结性试验、浸水后定伸粘结性试验、浸油后定伸粘结性试验、冷拉-热压粘结性试验。在实际项目中一般可采用留置同条件试块的方式进行密封胶与基材的粘结性检查，见表 6-1。

不同级别的粘结性检测项目伸长率　　　　　　　　表 6-1

序号	项目		级别						
			50LM	35LM	25LM	25HM	20LM	20HM	12.5E
1	伸长率（%）	弹性恢复率	100				60		
2		拉伸模量	100				60		—
3		定伸粘结性	100				60		
4		浸水后定伸粘结性	100				60		
5		浸油后定伸粘结性	100				60		—
6	拉压幅度（%）	冷拉-热压后粘结性	±50	±35	±25		±20		±12.5

第**7**章

装配式混凝土建筑密封防水
常见问题防治措施

装配式混凝土建筑外墙接缝渗漏主要是设计、选材、施工和管理等因素，应对设计、施工、验收等做出明确要求，对设计单位、建设单位、监理单位、总承包单位、施工单位等参建各方以及监督管理部门均明确相应的职责，对密封胶材料及进场验收、从业人员资格等方面进行规范管理。

7.1 设计问题及防治措施

7.1.1 接缝设计问题

设计问题是引起外墙接缝渗漏的根本原因。以往的设计仅提供简单的通用示意图，连大样图都很少涉及，仅标明建筑用耐候密封胶，甚至材料标准引用错误，选用《建筑用硅酮结构密封胶》，导致总承包单位、施工单位无法按图施工和正确选择密封材料，建设单位、监理单位也无从管理，认为是总承包的事，出现外墙渗漏和涂料开裂已悔之晚矣（图7-1～图7-4）。

图7-1 分隔缝与装饰缝错位

图7-2 面砖覆盖外墙PC接缝

防治措施：设计单位应当在施工图设计文件中明确不同部位接缝宽度、深度、截面形式等要求，杜绝三面粘结，明确接缝防水构造以及密封材料品种、类型、级别、规格、性能指标等；明确不同部位防水的设计工作年限（不少于25年）和防水材料耐久性、密封胶打胶深度和宽度等指标要求。部位主要包括预制外墙、外窗（含飘窗）、女儿墙、空调板、预制阳台、厨房和卫生间预制内隔墙等。在设计交底时，应重点说明有关部位、节点

图 7-3　钢结构嵌填 ALC 板接缝构造错误

图 7-4　封阳台外墙板设计错误

的防水要点、重点与设计要求等内容。

在设计文件中应注明密封防水材料填充进入墙内深度的限值。预制外墙接缝防水应采用耐候性密封胶，接缝处的填充材料应与拼缝接触面粘结牢固，并能适应建筑物层间位移、外墙板的温度变形和干缩变形等，其最大变形量、剪切变形性能等均应满足设计要求。夹心保温墙板应采用封边处理，加强防水构造，防止渗漏对保温层的损伤。所有接缝处不得采用灌浆料等材料封闭，不应采用抗裂砂浆、面砖等刚性材料覆盖，不宜采用防水雨布、柔性防水涂料作为外墙接缝处的防水层（图 7-5～图 7-8）。

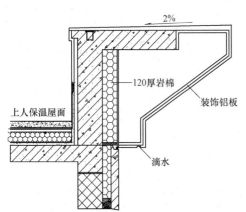

图 7-5　错误接缝细部构造

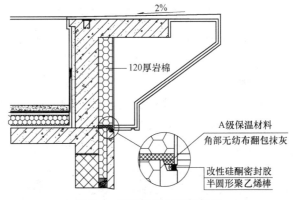

图 7-6　深化设计后细部构造

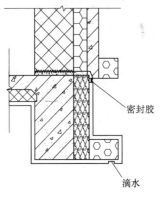

图 7-7　错误接缝细部构造

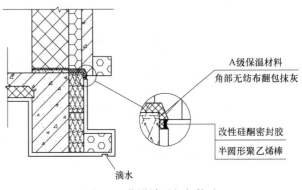

图 7-8　化设计后细部构造

设计单位应当对防水设计质量负责，应明确装配式混凝土建筑外墙防水构造节点，工程项目实施过程中，各参建方未经原设计单位书面认可不得改变防水构造。

专业的密封防水厂家可在设计阶段提前介入提出切实可行的防水构造节点。

7.1.2 装饰面层设计问题

预制构件设计与建筑设计不关联，未做到一体化设计，在建筑外立面设计时，PC板结构板缝与装饰分隔缝不一致，大部分结构板缝被覆盖；不考虑构件安装质量，尤其是表面垂直度、平整度、阴阳角方正等，通常采用聚合物水泥砂浆或腻子找平，砂浆和腻子都属于偏刚性材料，即使采用耐碱网格布进行加强处理，后期还会存在腻子层或涂料层的开裂风险。当饰面材料为真石漆涂料时，应尽可能使预制构件接缝的密封胶直接外露使用。

防治措施：在建筑外立面装饰分隔缝设计时，应考虑 PC 板结构安装缝与装饰分隔缝相协调，结构板缝应尽可能外露，做成真缝，装饰分隔缝做成假缝，以避免腻子及涂料开裂，影响建筑外立面观感质量。

7.2 材料问题及防治措施

密封胶选材错误是引起外墙接缝渗漏和外墙涂料开裂、起皮、脱落的主要原因，导致密封胶断裂或粘结界面剥离（图 7-9），行业内一致认为：粘结性能是密封胶最重要的基本性能，一旦发生界面粘结破坏，所谓"皮之不存，毛将焉附"，密封胶其他性能再好也就无从谈起；气密性和水密性是接缝密封胶的主要性能，可形成连续不渗透层；密封胶的材料力学性能也比较重要，应满足预制外墙板在荷载、温度、干缩等作用下产生相对位移，且必须具备一定的弹性、自由伸缩变形能力和恢复能力，以及循环变化时的抗疲劳性、蠕变性；耐久耐候性影响密封胶使用寿命，预制墙板是建筑外围护结构，完全暴露在

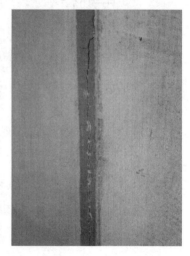

图 7-9　低质量硅酮胶引起的开裂和基层剥离

室外、烈日暴晒、狂风暴雨侵袭、昼夜温差胀缩、紫外线照射等会使密封胶逐渐老化；在密封胶材料设计和选型时，应考虑涂饰性、相容性、非污染性等因素。

防治措施：

（1）建设单位、设计单位、监理单位及总包单位应听取专业厂家建议，不是满足国家或行业标准的密封胶均适用于装配式建筑，应根据不同建筑结构形式，选择合适的密封胶。

（2）应选择相配套的专用底涂，混凝土基面属渗透介质，双组分必须使用底涂，单组分推荐使用底涂，以保证粘结性能和粘结耐久性。

（3）选择低模量密封胶（0.2MPa），其内聚强度低，能相应降低对基层的粘结强度要求。

（4）必须考虑到粘结面积、深度、密实性，且粘结面不得破坏。

7.3　施工问题及防治措施

已完工房屋发生渗漏的主要原因之一是施工。所有的密封防水工程最终都要通过施工来实现，即便设计和材料都没有问题，只要施工操作人员稍有疏漏便可能造成隐患，最终导致渗漏。

国内、国外对渗漏水原因的调查表明，一半以上的渗漏是由施工不当的原因造成。抓住施工这一环节，还能够把好设计关和材料关。设计不合理，施工人员有责任会同设计人员进行洽商予以探讨纠正，不能草率地照图施工；材料质量不合格，施工操作人员有权不使用。反之即使是设计上存在某些不足，材料有某些缺陷，也可以通过精心施工加以弥补，因此施工是整个过程中的关键因素。

施工问题主要包括以下几种：

（1）密封胶材料问题

① 现象：密封胶不固化，密封胶无弹性，表面开裂。

② 原因分析：密封胶材料已过保质期；双组分密封胶配比不正确，未混合均匀或混合过程中混入其他杂质，诸如底涂、清洁溶剂等。

③ 防治措施：施工前应检查密封胶是否在保质期内，密封材料是否存在包装破损等情况，存在问题的材料严禁用于施工。双组分密封胶配料过程中应严格按照产品说明书要求进行配比，不得混有其他材料，搅拌应均匀，搅拌完成后应观察搅拌情况，可采用蝴蝶法进行测试，合格后方可使用。

（2）接缝堵塞问题

① 现象：构件接缝没有可打胶的位置。

② 原因分析：封堵砂浆及灌浆料爆浆堵塞构件接缝，未予以切除。

③ 防治措施：在灌浆之前采用弹性橡胶密封条或封堵砂浆进行塞缝；后期只能采用混凝土墙面开槽机或云石机切缝。

（3）底涂问题

① 现象：施工完成后的密封胶出现大面积粘结失败。

② 原因分析：未使用底涂或使用已失效的底涂；使用的底涂与密封胶不匹配；底涂

涂刷不均匀或底涂未完全干燥的情况下施工密封胶。

③ 防治措施：施工前应检查底涂密封是否完好，是否在保质期内，是否为密封胶厂家认可的适应密封胶及施工部位的底涂，底涂使用前应采用小杯进行分装后使用，已开封的底涂应及时密封。严禁使用涂刷底涂的毛刷直接在底涂罐中蘸取，已分装未使用完的底涂不得再次倒入底涂罐中，应按相关规定进行消纳。

底涂涂刷应均匀，不得漏涂，底涂完全干燥后方可施工密封胶。底涂是否涂刷均匀、是否干燥可采用目视方式进行检查。确认无问题后方可进行下一步密封胶的施工。

（4）美纹纸引起的问题

① 现象：密封胶表面被破坏，边角出现毛刺，密封胶接缝宽窄不一，预制外墙板有胶体残留。

② 原因分析：美纹纸粘贴方法、位置不正确；美纹纸移除过程中未注意方向；美纹纸粘贴过程中未注意倒角等部位的粘贴方法；施工完成后未及时揭除美纹纸。

③ 预防措施：严格按照节点设计要求的收面情况，确定美纹纸的粘贴位置，平缝及凹缝要选用不同的粘贴方法。接缝交接部位应做好折边处理，以便后期一次性揭除。密封胶施工完成后要及时揭除美纹纸，美纹纸揭除时要注意方向，可使用辅助工具对揭除的美纹纸进行收集，揭除过程中严禁破坏已施工完成的胶面。

（5）隔离材料产生的问题

① 现象：密封胶材料厚度不足或厚度过厚，已固化的密封胶出现鼓出现象。

② 原因分析：未根据接缝设计选择合适的隔离材料；施工隔离材料时未留足密封胶施工厚度；施工 PE 棒时使用尖锐物进行填充。

③ 预防措施：施工密封胶前应检查隔离材料与接缝是否相匹配，施工时应使用软质木棒等进行隔离材料填充，并预留密封胶施工厚度。

（6）密封胶施工问题

① 现象：密封胶胶体不饱满，十字交接部位有凹痕，表面有小气泡等。

② 原因分析：施工时打胶量不够，接缝部位未预留打胶量，胶枪内混有气泡。

③ 预防措施：吸胶时注意操作，避免混入气泡，打胶应饱满，交叉部位要适当多打胶。

7.4 管理问题及防治措施

施工管理工作通过采取一系列的措施保证工程项目的施工进度、质量水平以及安全。施工管理工作的顺利开展能够有效提升施工效率，保证工程项目的质量和安全。装配式混凝土建筑密封防水主要施工部位为建筑物的外墙，常采用吊篮进行作业，施工管理难度较大，以下列举部分常见的施工管理问题，在项目实际施工过程中应加以注意。

（1）工序管理

① 现象：外墙采用涂料体系时，腻子层或涂料层开裂。

② 原因分析：工序安排不合理，施工时应先施工密封胶，后施工腻子等构造层次，后期外墙板变形导致腻子层开裂。

③ 预防措施：应调整施工工序，首先施工外墙除涂料外的构造层次，然后施工密封

胶，最后大面积施工外墙涂料，该施工工序能有效地防止腻子层开裂。

（2）工序交接管理

① 现象：外墙板拼缝宽度过大或过小，深度不足或被堵塞，未修补到位直接施工密封胶。

② 原因分析：现场交接检管理不到位，或未进行交接检直接施工。

③ 预防措施：落实交接检管理及打胶令制度，未经验收合格的基层，未签发打胶令的部位严禁施工。

（3）材料入场及出入库管理

① 现象：材料入场无完整入场资料，出入库管理不到位，部分材料已过质保期。

② 原因分析：材料及出入库管理不到位，未做到先入先出。

③ 预防措施：加强物质管理工作，入场材料应查验相关报验资料后存入待入场区，检验合格后方可入库，入库材料应先进先出，超过保质期或破损的材料，严禁出库。

（4）现场施工管理

① 现象：施工过程中未落实过程验收，隐蔽验收。

② 原因：施工管理不到位，无过程检查和验收方案。

③ 预防措施：施工过程中严格落实隐蔽验收及过程验收程序，每一步施工完成后，需进行过程验收，查验，班组内部做好互检和过程检，需要隐蔽的工序，应做好隐蔽验收记录，未经验收的不得隐蔽。

（5）施工安排问题

① 现象：密封胶施工完成后出现脱粘、气泡等问题。

② 原因：密封胶施工应在合适的气候条件下进行，避开日间温差较大的时间段，胶体固化过程中如出现较大位移，会导致密封胶出现质量问题。

③ 预防措施：施工前应掌握好天气情况，如遇降雨、降雪、大风天气不得施工，夏季施工应避免高温和阳光直射的情况。

第 **8** 章

装配式建筑密封防水从业人员要求

8.1　岗位职责与要求

遵守公司及项目部各项管理规章制度、管理条例及规定。

坚守职业道德规范和修养，对所从事的岗位认真负责，以个人的工作质量保证各工序、检验批、分项及分部工程质量；能接受继续教育，努力提高理论和实操技能水平。

熟练掌握本岗位涉及的设备、机械等安全技术操作规程、质量标准及操作技能，严格按照临时用电规范接线，不私拉乱接，不违章操作，不野蛮施工。

应进行打胶专项培训，做到持证上岗，听从指挥，服从安排，能熟练运用基本技能，独立完成职责范围内的常规工作，严格按照安全技术交底、技术交底要求，做到按规范、标准化流程和工艺施工，认真做到自检、互检、交接检及三工序质量管理标准，并做好成品保护工作，对一般质量隐患及时纠正和处理，重大隐患及时上报，并根据有关部门的整改措施要求认真落实。

每日施工前检查施工部位及作业环境的安全防护措施，必须按规定准确穿戴好安全防护用品，经常检查和维护保养设备、安全设施、施工用工器具，发现安全隐患第一时间向有关部门和人员汇报，待隐患排除、验收合格以后，方可进行施工。

积极参加公司及项目部组织的技术技能培训和交流，自觉加强业务学习，熟练掌握密封及防水的基本原理、产品知识、施工工艺标准、质量验收要求和操作要领，不断提高自身的劳动技能和操作水平。

年龄不宜超过55周岁，不得大于60周岁，具备良好的身体素质和本职业所要求的身体状况。

具有团队合作精神。服从项目大局，能与其他作业工种进行有效配合。

每日收工前，必须做到工完场清脚下净，安全文明施工，注意环境保护。

8.2　职业道德与要求

职业是人们在社会中所从事的作为谋生手段的工作，是参与社会分工利用专门的知识和技能，创造物质财富、精神财富，获得合理报酬，满足物质生活、精神生活的工作，职业是指不同性质、不同内容、不同形式、不同操作的专门劳动岗位，职业的发展是随着社会分工的发展而发展的。

所谓职业道德，就是指从事一定职业的人，在工作或劳动过程中，所应遵循的，与其职业活动紧密联系的道德规范的总和，它既是对本职业人员在职业活动中行为的要求，同时又是职业对社会所负的道德责任和义务。

职业道德是人类职业生活实践的产物，从事某种特定职业的人们，有着共同的劳动方式，接受共同的职业训练，因而形成与职业活动和职业特点密切相关的观念、兴趣爱好、传统心理和行为习惯，结成某种特殊关系，形成独自的职业责任和职业纪律，从而也就产生特殊的行为规范和道德要求。包括：职业道德的基本理论、原则、规范、范畴、修养、世界观、人生观等。

职业道德的特点：职业性、从属性、强制性、稳定性和继承性、选用性、实践性、多样性、具体性等。

职业道德要求主要有以下几方面：

爱岗敬业：就是从业者要充分认识到自己从事职业的社会价值，认识到职业没有高低贵贱之分，都是为人民服务，热爱自己的岗位，敬重自己的职业，做到干一行、爱一行、专一行，为行业的发展贡献自己的力量。

诚实守信：就是指从业人员说实话、办实事、不说谎、不欺诈、守信用、表里如一、言行一致的优良品质。做到既有高质量的产品，又有高质量的服务，严格遵纪守法，取信于民，从而获得良好的社会效益和经济效益。

办事公道：是指从业人员廉洁公正，不以权谋私，做到出于公心，主持公道，不偏不倚，既不唯上、不唯权，又不唯情、不唯利。

服务群众：是指从业人员在职业活动中要全心全意为人民服务，做到热心、耐心、虚心、真心，一切从群众利益出发，为群众排忧解难、出谋划策，提高服务质量。

奉献社会：奉献是当个人利益与集体利益、国家利益发生矛盾时，毫不犹豫地牺牲个人利益，服从集体利益和国家利益。

8.3 理论知识与技能要求

装配式建筑密封防水从业人员的职业技能分为：理论知识和操作技能两个模块，从业人员必须掌握装配式混凝土建筑接缝密封防水的相关知识，包括：

（1）能正确识读装配式建筑接缝密封防水节点图；

（2）能正确理解装配式建筑密封防水的原理及重要性；

（3）对施工现场存在的密封防水质量隐患有一定的预判能力，提出解决问题的办法。

8.3.1 理论知识

装配式建筑密封防水从业人员应具备法律法规与标准、识图、材料、工具设备、密封防水施工工艺、施工组织管理、标准化施工、质量检查、安全文明施工、信息技术与行业动态的相关知识。包括：密封及防水材料的基本性能、产品规格种类、固化机理以及涂刷底涂重要性、衬垫材料种类及作用、美纹纸选择及粘贴要求、打胶质量检测工具的种类及方法、施工环境条件及作业面、工序合理安排和利用、安全质量进度的管控措施、质量验收标准和评价标准、质量问题及隐患排除及职业健康安全、环境保护、应急响应救援预案、突发安全、质量、文明施工、职业健康安全、环境保护事故处理程序和原则。

8.3.2 操作技能

装配式建筑密封防水从业人员应具备所使用工器具的正确使用方法，基层处理方式方法，底涂分装及涂刷、美纹纸粘贴手法，双组分密封胶混合、打胶顺序和注胶手法，刮胶压胶方向及操作手法，表面修饰处理以及粘结性能简易测试方法，胶体养护及成品保护等相关技能。

附录 A

密封胶耐久性检测方法

（1）参照《建筑窗用弹性密封胶》JC/T 485—2007 附录 A 拉伸-压缩循环性能试验方法。

A.1 试验器具

A.1.1 鼓风干燥箱：能调节温度至 $(70\pm2)\sim(100\pm2)$℃。

A.1.2 冰箱：能调节温度至－10±2℃。

A.1.3 恒湿水槽：能将水温调至 50±1℃。

A.1.4 夹具：能将试件的接缝宽度固定在 8.4, 9.6, 10.8, 11.4, 12.0, 12.6, 13.2, 14.4 以及 15.6 mm，其精度为±0.1 mm。

A.1.5 拉伸压缩试验机，能以 4～6 次/min 的速度将试件接缝宽度在 11.4～12.6mm，10.8～13.2mm，9.6～14.4mm 或 8.4～15.6mm 的范围内反复拉伸和压缩。其精度为±0.2mm。

A.1.6 粘结基材：同 5.7.1，也可用 50mm×50mm 试件。

A.2 试件制备

同 5.7.1，每组制备三个试件。

A.3 试验步骤

拉伸-压缩循环试验按表 A.1 中所示程序进行。

A.3.1 将在标准条件下养护 28d 的试件按制作时的尺寸固定在夹具上，然后把试件放在 50±1℃的水中，浸泡 24h，浸水后解除固定夹具，把试件置标准条件下 24h，然后检查试件，用手掰开试件的粘结基材，反复 2 次，肉眼检查试料及试料与粘结基材的粘结面有无溶解、膨胀、破裂、剥离等异常，记录其状态。

A.3.2 在保持粘结基材平行的情况下，缓慢使试件变形至程序 3 中的各尺寸，然后固定之，将试件放入已调至各加热温度的烘箱内，加热 168h。解除固定状态后，将粘结基材在标准条件下水平放置 24h，然后按 A.3.1 的方法检查试件。

A.3.3 将试件缓慢变形至程序 5 中各尺寸，固定之。在－10±1℃的冰箱中将试件放置 24h。解除试件固定状态，在标准状态下使试件的粘结基材水平放置 24 h，然后按 A.3.1 的方法检查试件。

A.3.4 重复 A.3.2、A.3.3 的操作，将试件按制作时的尺寸固定在夹具上，在标准条件下放置 24 h，然后 7d 之内按下述方法进行试验。

A.3.5 将试件装在拉伸压缩机上，在标准条件下按程序 9 的要求拉伸和压缩 2000 次，然后按 A.3.1 的方法检查试件，并测量每个试件的粘结破坏面积，计算粘结破坏面积百分比（%），拉伸压缩的速度为 4～6 次/min。

A.4 试验报告

试验报告应写明下述内容：

a) 试料的名称、类型、批号；

b) 基材类别；

c) 是否用底涂料；

d) 所选用的拉伸-压缩幅度；

e) 每块试件粘结或内聚破坏情况，粘结破坏面积百分比（%）。

拉伸-压缩循环试验程序　　　　　　　　　　　　　　　表 A.1

试验程序			耐久性等级				
			9030	8020	7020	7010	7005
1	接缝宽固定 12mm，浸入 50℃水中时间/h		24				
2	除去夹具，试件置标准条件下时间/h		24				
3	压缩加热	接缝宽 mm	8.4	9.6	9.6	10.8	11.4
		压缩率 %	−30	−20	−20	−10	−5
		温度/℃	90	80	70	70	70
		时间/h	168				
4	除去夹具，试件置标准条件下时间/h		24				
5	拉伸冷却	接缝宽 mm	15.6	14.4	14.4	13.2	12.6
		压缩率 %	+30	+20	+20	+10	+5
		温度/℃	−10				
		时间/h	24				
6	除去夹具，试件置标准条件下时间/h		24				
7	程序反复		程序 1～6 反复一次				
8	接缝宽固定 12mm，置标准条件下时间/h，不小于		24				
9	接缝的扩大、缩小 4～6 次/min	接缝宽 mm	80.4～15.6	9.6～14.4	9.6～14.4	10.8～13.2	11.4～12.6
		拉伸-压缩度 %	−30～+30	−20～+20	−20～+20	−10～+10	−5～+5
		次数（次）	2000				

（2）参照上海市化学建材行业协会发布的《装配式建筑外墙用密封胶》T/SHHJ 000018—2018 附录 A　耐久性试验方法。

A.1 范围

本附录规定了密封胶在加速老化试验条件下拉伸-压缩循环耐久性的试验方法。

A.2 试验器材和材料

A2.1 试验器材

拉力试验机：测量值在量程 15%～85%，示值精度不低于 1%，拉伸速度可调为 5.5+0.7mm/min；

氙弧灯老化设备应满足 GB/T 16422.2—2014 中的相关规定，氙弧灯波长应为

340nm，辐照度应为 $0.51\pm0.02W/(m^2 \cdot nm)$；

定位夹具：用于控制试件宽度；

量具：精度为0.5mm。

A2.2　材料

试验基材选用水泥砂浆基材，其材质应符合 GB/T 13477.1 的规定，基材的粘结表面不允许有气孔。

A.3　试验步骤

在标准试验条件下制备3个试件，每一个试件应包括2块砂浆基材，2个间隔条。密封胶应填满试块中间，表面与基材表面齐平，不得混入气泡。在标准试验条件下放置28d。

先将试件按表5规定的要求进行压缩，然后放入氙弧灯老化设备中按 GB/T 16422.2—2014 中方法 A-循环序号1进行老化试验，试验周期为3d；压缩状态老化试验结束后，从夹具中取出试件，试件应在自然松弛状态下保持1h，然后在1h内将试件按表5规定的要求进行拉伸，然后再放入氙弧灯老化试验设备中按 GB/T 16422.2—2014 中方法 A-循环序号1进行老化试验，试验周期为4d。

每次压缩-拉伸循环周期结束后，取出试件，观察试件是否破坏，若破坏，循环结束，记录循环周期次数，并用精度为0.5mm的量具测量每个试件粘结和内聚破坏深度；若未破坏，则进入下一个循环周期。在密封胶条两侧出现的粘结不牢或内聚破坏不应视为破坏，如图 A.1 所示。

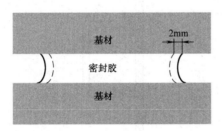

图 A.1　2mm宽边缘破坏排除图示

A.4　试验结果

重复上述循环至规定6次，3个试件均无破坏时，则评定为"无破坏"，否则评定为"破坏"。

附录 B

密封胶淋水检验方法

（1）参照《玻璃幕墙工程质量检验标准》JGJ/T 139—2020 附录 D 幕墙淋水现场检验方法

D.0.1 将幕墙淋水试验装置安装在被检幕墙的外表面，喷水水嘴离幕墙的距离不应小于530mm，并应在被检幕墙表面形成连续水幕。每一检验区域喷淋面积应为 1800mm×1800mm，喷水量不应小于 $4L/(m^2 \cdot min)$，喷淋时间应持续 5min，在室内应观察有无渗漏现象发生。

D.0.2 幕墙淋水试验装置（图 D.0.2）在 1800mm×1800mm 范围内，单个喷嘴喷淋直径应为 1060mm，四个喷嘴喷淋面积应为 $3.53m^2$，淋水总量不应小于 14L/min。

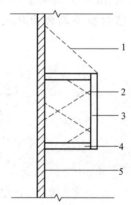

图 D.0.2 幕墙淋水试验装置示意

1—悬挂链；2—喷嘴；3—框架；4—撑杆；5—试件

D.0.3 喷嘴应安装在框架上，框架应用撑杆与被测幕墙连接，水管应与喷嘴连接，并引至水源。当水压不够时，应采用增压泵增压。水流量的监测可采用转子流量计或压力表两种形式。

（2）参照《建筑防水工程现场检测技术规范》JGJ/T 299—2013 第 12 章蓄水和淋水试验。

12.2 淋水试验

12.2.1 本节适用于有淋水试验要求的立面或斜面防水层的现场淋水试验。

12.2.2 淋水试验宜在防水系统或外装饰系统完工后进行，试验前应关闭窗户，封闭各种预留洞口。

12.2.3 淋水管线内径宜为 20±5mm，管线上淋水孔的直径宜为 3mm，孔距宜为

180～220mm，离墙距离不宜大于150mm，淋水水压不应低于0.3MPa，并应能在待测区域表面形成均匀水幕。

12.2.4　淋水试验应自上而下进行，为保证水流压力和流量，每6～10m宜增设一条淋水管线，持续淋水试验时间不应少于30min。

12.2.5　淋水试验应由专人负责，并应做好记录。淋水试验结束后，应检查背水面有无渗漏。

12.2.6　淋水试验前后，可采用红外热像法对被测区域进行普查对比。

12.2.7　对怀疑有渗漏的部位，可加强淋水。

12.2.8　淋水试验发现渗漏水现象时，应记录渗漏水具体部位并判定该测区及检测单元不合格。

（3）本书推荐淋水检查与验收方法

1）检查范围

装配式建筑外墙接缝应全数检查，并根据接缝形式与特点对局部位置加强检查，如东西立面预制与现浇竖向接缝、空调板根部水平接缝、水平与竖向形成的十字接缝、外窗周边等位置。

2）检查批次

建筑立面每五层且不大于1000m² 外墙（含窗）面积应划分为一个检验批，不足五层或1000m² 时也应划分为一个检验批。

3）检查条件

淋水试验宜在外墙装饰工程之前，外墙接缝防水工程完工后进行。

4）检查方法

① 宜采用镀锌钢管或PPR管等具有一定刚度、强度的管材制作淋水管件。淋水管内径宜为20mm，管上淋水孔的直径宜为3mm，孔距宜为200mm，淋水管距墙不宜大于150mm。

② 淋水检查应自上而下进行，淋水管水平排布应结合水平接缝位置且宜高于水平接缝150mm。淋水孔应正对墙面，淋水水压不应低于0.3MPa，能在检查区域表面形成均匀水幕，持续淋水试验时间不应少于30min。

5）质量验收

① 淋水试验应由专人负责，并应做好记录。淋水试验结束后，应检查背水面有无渗漏。发现渗漏水现象时，应记录渗漏水具体部位。

② 对有渗漏水现象出现的部位，可采取下述步骤确定渗漏具体位置并进行修补复检：

a. 待检部位自然变干之后，自下而上地进行逐茬淋水，并同步观测背水面渗漏情况，找到渗漏水部位的确切位置。

b. 针对渗漏水原因，制定防水修补方案，经监理单位认可后方可实施。

c. 待修补部位充分干燥后，应再次进行淋水检查，宜使用配有控制阀和压力计的手持喷嘴管在距墙150mm 范围内对修补位置连续往复喷水10min 以上，直到无任何渗漏水为止。

③ 施工单位应结合实际制定验收计划，按照规定报监理验收，并应在监理人员见证下，对装配式建筑外墙进行接缝淋水检查，并填写淋水检查质量验收表（表B.1）。

外墙接缝淋水检查质量验收表 表 B.1

淋水验收部位	
检查日期	
试验水压	MPa
淋水持续时间	min
检查结果	无渗漏□ 稍有渗漏□ 严重渗漏□
检查操作人	
施工单位 检查意见	
监理单位 验收意见	
修补部位	

施工项目负责人	年 月 日	总监理工程师	年 月 日

注：此表按照建筑单体进行资料归档。

附录C

密封胶施工顺序检查

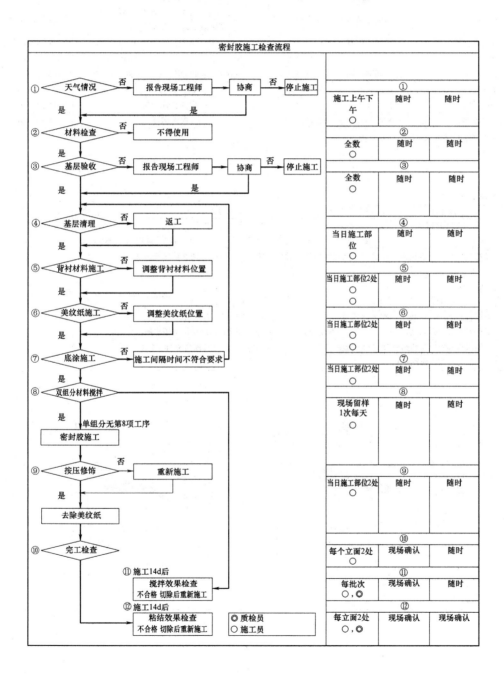

密封胶施工检查流程		
①		
施工上午下午 ○	随时	随时
②		
全数 ○	随时	随时
③		
全数 ○	随时	随时
④		
当日施工部位 ○	随时	随时
⑤		
当日施工部位2处 ○ ○	随时	随时
⑥		
当日施工部位2处 ○ ○	随时	随时
⑦		
当日施工部位2处 ○	随时	随时
⑧		
现场留样 1次每天 ○	随时	随时
⑨		
当日施工部位2处 ○	随时	随时
⑩		
每个立面2处 ○	现场确认	随时
⑪		
每批次 ○,◎	现场确认	随时
⑫		
每立面2处 ○,◎	现场确认	现场确认

流程图文字：
- ① 天气情况 —否→ 报告现场工程师 → 协商 —否→ 停止施工；是
- ② 材料检查 —否→ 不得使用；是
- ③ 基层验收 —否→ 报告现场工程师 → 协商 —否→ 停止施工；是
- ④ 基层清理 —否→ 返工；是
- ⑤ 背衬材料施工 —否→ 调整背衬材料位置；是
- ⑥ 美纹纸施工 —否→ 调整美纹纸位置；是
- ⑦ 底涂施工 —否→ 施工间隔时间不符合要求；是
- ⑧ 双组分材料搅拌；是
- 单组分无第8项工序
- 密封胶施工
- ⑨ 按压修饰 —否→ 重新施工；是
- 去除美纹纸
- ⑩ 完工检查
- ⑪ 施工14d后 搅拌效果检查 不合格 切除后重新施工
- ⑫ 施工14d后 粘结效果检查 不合格 切除后重新施工
- ◎ 质检员
- ○ 施工员

报告书(检查内容及判定标准)

顺序	管理项目	方法	基本要求	批次
①气象情况	温度和湿度	温湿度计检查	气温5℃以上、湿度85%以下	施工上午下午各1次
②材料检查	保质期	生产批号检查	保质期范围内	全数
③基层条件检查	被粘结基层干燥情况	观察检查	混凝土降雨后12h，金属面降雨后6h	全数
③接缝条件检查	缝宽、缝深	钢尺检查	设计位置偏差范围−2～3mm	当日施工部位2处
④基层清扫检查	基层清洁情况	观察检查	使用毛刷、软布或清洁溶剂清理干净	当日施工部位2处
			必要时使用切割机砂纸处理基层	
⑤背衬材料施工	背衬材料位置	钢尺检查	设计允许偏差范围 −2～3mm	当日施工部位2处
⑥美纹纸施工	张贴位置	钢尺检查	偏差范围　内侧0mm，外侧：2mm	当日施工部位2处
⑦底涂施工	施工间隔时间	检查时间	施工间隔时间60※(　　)min≤ t ≤8h	当日施工部位1处
⑧密封胶搅拌	搅拌时间	检查时间	计时器设置为10～15min	留样1天1次
⑨按压修饰	按压修饰	观察检查	两次按压修饰	当日施工部位2处
⑩完工检查	粘结情况	破坏性试验	内聚破坏	每立面2处

※底涂可用时间根据生产厂商要求确定。

⑪搅拌情况检查

检查项目	检查方法	基本要求	批次
密封胶固化情况	观察检查	密封胶已完全固化	每天一次
	指触检查	(养护时间：冬季7日、夏季3日、春秋5日)	每生产批次

注：搅拌情况检查不合格的，应确定未固化的原因，对相应的施工部位进行切除后重新施工。

⑫粘结情况检查

检查项目	检查方法	判定标准	批次
粘结性检查(2面粘结)	破坏性试验	内聚破坏或薄层内聚破坏	每立面2处
粘结性检查(3面粘结)		(薄层内聚破坏情况下，需上报监理单位按要求进行处理)	
填充饱满度检查(2面粘结)	破坏性试验	JASS8防水工程4.3、接缝深度允许范围内	
填充饱满度检查(3面粘结)			

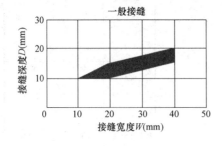

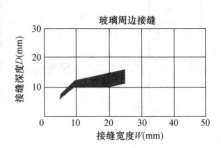

图 C.1　密封胶施工顺序检查

附录 D

密封胶施工品质管理

项目名称		施工时间 年 月 日	施工单位		上午 时 分	下午 时 分
			项目经理		晴/阴/雨	晴/阴/雨
			施工员		气温 ℃	气温 ℃
					湿度 %	湿度 %

施工流程	施工要点	检查项目及方法	①【部位】【施工楼层】 工程量/轴线数量 m			②【部位】【施工楼层】 工程量/轴线数量 m			③【部位】【施工楼层】 工程量/轴线数量 m		
			检查栏	备注	施工人员及施工员	检查栏	备注	施工人员及施工员	检查栏	备注	施工人员及施工员
施工前 1.施工准备	材料准备	是否于设计要求及施工方案一致									
	天气条件	气温5℃以上，湿度85%以下									
	施工部位干燥情况	通过美纹纸粘贴判断基层干燥情况									
	不同材质密封施工部位节点做法	节点做法是否符合要求									
	材料检查	生产厂家									
	材料种类	材料名称 生产批号									
2.粘结界面清扫	使用钢丝刷、毛刷、抹布清洁溶剂等清理基层	无有碍粘结的污染物残留									
3.施工背衬材料	接缝尺寸是否符合设计要求	接缝尺寸偏差范围(-2~3mm)	宽 mm 深 mm			宽 mm 深 mm			宽 mm 深 mm		
4.张贴美纹纸	粘贴位置是否符合要求	粘贴位置准确									
施工过程中 5.底涂施工	底涂应均匀涂布、无漏涂 施工间隔时间	底涂涂布均匀 在生产厂家指定的时间范围内	开始施工时间 时 分			开始施工时间 时 分			开始施工时间 时 分		
	使用的材料	生产厂家名称 材料名称 生产批号									
6.密封胶施工	密封胶搅拌	搅拌时间10min≤t≤15min									
	密封胶开放时间	开放时间t≤2h									
	接缝处打胶施工	应充填密实									
	临时甩槎接槎部位施工	临时甩槎部位应距离Z字或十字接缝200mm以上	施工开始 时 分			施工开始 时 分			施工开始 时 分		
7.按压修饰	应使用相对较硬的刮刀	是否按压密实(往返一次以上)									
	密封胶完工表面光滑	是否存在条纹或气泡									
8.去除美纹纸 施工现场清理	去除美纹纸，不得有残胶	检查是否有未揭除的美纹纸									
	清理施工部位	清理施工部位周边的污染物等									
施工完毕 9.完工检查	施工完成的密封胶	胶体整体形状良好									
		无美纹纸、密封胶等残留在施工部位									
		施工范围内已清扫干净									
		无起泡、凹陷等现象，表观质量合格									
		固化后粘结情况另见附表									

【使用材料】

	种类	使用数量
密封胶	MS-2	桶
	PS-2	桶
	PU-2	桶
	SR-2	桶
	SR-1	支
	MS-1	支
底涂		桶
		桶

【作业人员】

其他记录事项

项目	备注

总包单位

施工单位

图 D.1 密封胶施工品质管理

参 考 文 献

［1］ 上海市住房和城乡建设管理委员会. 上海市装配整体式混凝土建筑防水技术质量管理导则 ［EB/
OL］. http. //hd. zjw. sh. gov. cn/static/up load/20200110110 _ 141212 _ 495. pdf.
［2］ 郭学明. 装配式混凝土结构建筑的设计、制作与施工 ［M］. 北京：机械工业出版社，2017.